21世纪智能化网络化电工电子实验系列教材

数字电子技术实验指导书

主　编　周红军

主　审　刘玉成

中国水利水电出版社
www.waterpub.com.cn

内 容 提 要

本指导书是高等学校数字电子技术基础课程的实验指导书，是按照模块化、网络化这一新的教学理念和教学体系而编写的。

本指导书所列的基本实验，从集成门电路的参数测定到 A／D、D／A 转换和设计性实验等，其编排顺序由简到繁，按教学进程，循序渐进；而设计性课题，既有实用性和通用性，又有趣味性和先进性。实验所用的元器件以 TTL74LS 系列大、中、小规模集成电路为主，兼顾 CMOS 电路。

本指导书主要作为本科学校电气工程及其自动化、自动化电子等专业教材，也可作为电子工程设计技术人员的参考用书。

图书在版编目（CIP）数据

数字电子技术实验指导书／周红军主编．—北京：中国水利水电出版社，2008（2018.8 重印）
（21 世纪智能化网络化电工电子实验系列教材）
ISBN 978-7-5084-5679-9

Ⅰ．数…　Ⅱ．周…　Ⅲ．数字电路－电子技术－实验—高等学校—教学参考资料　Ⅳ．TN79-33

中国版本图书馆 CIP 数据核字（2008）第 090296 号

书　　名	21 世纪智能化网络化电工电子实验系列教材 **数字电子技术实验指导书**
作　　者	主　编　周红军 主　审　刘玉成
出版发行	中国水利水电出版社 （北京市海淀区玉渊潭南路 1 号 D 座　100038） 网址：www.waterpub.com.cn E-mail：mchannel@263.net（万水） sales@waterpub.com.cn 电话：（010）68367658（营销中心）、82562819（万水）
经　　售	全国各地新华书店和相关出版物销售网点
排　　版	北京万水电子信息有限公司
印　　刷	三河市鑫金马印装有限公司
规　　格	184mm×260mm　16 开本　8.75 印张　205 千字
版　　次	2008 年 8 月第 1 版　2018 年 8 月第 3 次印刷
印　　数	2501—3500 册
定　　价	18.00 元

序

电工电子实验是配合电工电子技术课程教学的一个非常重要的教学环节，通过实验能够巩固学生的电工电子技术基础理论知识，培养学生的实践技能、分析问题、解决问题的能力，启发学生的创新意识。

随着网络和信息技术的发展，作为工科专业所十分注重的实验教育也必须跟上时代的脚步，实验教学改革也成为了学校教学改革的一个热点。在实验教学改革中，提倡开放式实验教学，将研究学习和信息技术整合起来，因此基础实验的网络化显得尤为重要和迫切。然而，与之相关并具有针对性、反映当前科技发展的教材却较少。

由多所院校共同研讨，根据网络化、信息化实验设备的实际情况，结合天科公司实验设备的特点，组织编写了一套适合于网络化、信息化实验设备的系列教材——“21 世纪智能化网络化电工电子实验系列教材”，共计 5 本，分别是《电路原理实验指导书》、《数字电子技术实验指导书》、《模拟电子技术实验指导书》、《电机拖动与电气技术实验指导书》、《电工与电子技术实验指导书》。

本套丛书跟踪电工电子实验成熟的新技术、新原理，特别是计算机技术在电工电子实验中的应用，结合天科公司研制开发的“局域网联网型”多媒体实验教学管理软件，重点论述了关于电工电子（网络型）实验系统的总体结构及基本功能，是一套能满足新的实验教学要求和课程设置需要的教材。

本套丛书有以下特点：

（1）紧密配合课程内容与课程体系改革和实验教学改革的要求。

（2）内容详细完整，专业性、针对性强，软件系统能与大多数高等学校实验中心的实验设备配套。

（3）引进“局域网联网型”多媒体实验教学管理软件系统，与实际工程实验有机结合，提供强大的实验管理功能和人性化操作界面。

本套丛书内容新颖、概念清晰、实用性强、通俗易懂。通过本丛书可以让广大读者很好地了解未来实验的新手段，非常感谢重庆科技学院苑尚尊和刘永刚老师对我公司的大力支持与帮助，为新的实验技术推广提供了较完整的技术资料。

杭州天科教仪设备有限公司

董事长：金仕斌

2008 年 5 月

前　言

本指导书是根据教育部《关于加强高等学校本科教育工作提高教学质量的若干意见》文件精神和《高等学校国家级实验教学示范中心建设标准》，并考虑到精品课建设要求而编写的一套适应21世纪教学改革要求的实验教材。

数字电子技术实验是配合相关理论课程教学的一个非常重要的环节，通过实验能够巩固所学的数字电子技术基础理论知识，培养学生的实践技能、动手能力和分析问题及解决问题的能力，启发学生的创新意识并发挥创新思维潜力。

本指导书可以作为本科学校电类工科专业数字电子技术基础课程的实验教材，是按照模块化、网络化这一新的教学理念和教学体系而编写的。具有如下特点：

（1）引进新技术，教学灵活多样。紧密配合课程体系改革和实验教学改革的需要，引入计算机虚拟实验和网络化管理技术，将计算机虚拟实验与传统的实际工程实验有机地结合，提供学生先进的实验技术和发挥想象力、创造力的空间。在教材编写中体现出：将过去的单纯验证性实验转变为基础强化实验；将过去的小规模综合性实验转变为中规模应用性实验；将过去在实验室进行的单一化实验转变为不受时间、地点、内容限制的多元化实验。

（2）内容充实，实验项目层次化。本书针对课程特点，根据教学大纲要求，对每个实验的实验目的、实验原理、实验内容及步骤、设计方法、注意事项等部分进行了详细阐述，有些实验单元安排了必做、选做和提高等不同层次的实验项目，以适应不同专业学生的实验要求。

（3）通用性强。能与学校的电工电子实验中心的实验设备配套使用，满足教学大纲要求，适应性强。

本指导书是由电工电子实验教学中心统一组织编写的。参加编写的老师有：周红军（实验一至实验十一、实验十四至实验十六、附录），杨君玲（实验十二、实验十三），吴明芳（实验十七、实验十八），任国燕（实验十九、实验二十）。

全书由周红军负责统稿，由刘玉成副教授主审并提出了宝贵的意见和建议，同时也得到了电工电子实验教学中心其他实验老师的大力支持和帮助，在此一并表示感谢！

由于编者水平有限，书中难免存在许多不足，敬请读者提出批评和改进意见。

编者

2008年5月

目　　录

绪　　论

一、电子技术实验的性质与任务

电子工作者通过实验的方法和手段，分析器件、电路的工作原理，完成器件、电路性能指标的检测，验证和扩展器件、电路的功能及其使用范围，设计并组装各种实用电路和整机。

通过实验手段，使学生获得电子技术方面的基本知识和基本技能，并运用所学理论来分析和解决实际问题，提高实际工作的能力。熟练地掌握电子实验技术，无论是对从事电子技术领域工作的工程技术人员，还是对正在进行本课程学习的学生来说，都是极其重要的。

电子技术实验可以分为以下 3 个层次：第 1 个层次是验证性实验，它主要是以电子元器件特性、参数和基本单元电路为主，根据实验目的、实验电路、仪器设备和较详细的实验步骤，来验证电子技术的有关理论，从而进一步巩固所学基本知识和基本理论。第 2 个层次是提高性实验，它主要是根据给定的实验电路，由学生自行选择测试仪器，拟订实验步骤，完成规定的电路性能指标测试任务。第 3 个层次是综合性和设计性实验，学生根据给定的实验题目、内容和要求，自行设计实验电路，选择合适的元器件并组装实验电路，拟订出调整、测试方案，最后使电路达到设计要求，这个层次的实验可以培养学生综合运用所学知识和解决实际问题的能力。

实验的基本任务是使学生在“基本实践知识、基本实验理论和基本实验技能”这 3 个方面受到较为系统的教学与训练，以逐步培养他们“爱实验、敢实验、会实验”，成为善于把理论与实践相结合的专门人才。

电子技术实验内容极其丰富，涉及的知识面也很广，并且正在不断充实、更新。在整个实验过程中，对于示波器、信号源等常用电子仪器的使用方法；频率、相位、时间、脉冲波形参数和电压、电流的平均值、有效值、峰值以及各种电子电路主要技术指标的测试技术；常用元器件的规格与型号，手册的查阅和参数的测量；小系统的设计、组装与调试技术；以及实验数据的分析、处理能力；EDA 软件的使用等都是需要着重掌握的。

为确保实验教学质量，应该采取下列基本教学方法和措施：

（1）强调以实验操作为主，实验理论教学为辅。围绕和配合各阶段实验的教学内容和要点，进行必要的和基本的实验理论教学。

（2）采用“多媒体教学”、“虚拟实验”等多种手段，以提高实验教学效果。

（3）按照基本要求，分阶段进行实验。

前阶段进行基本实验，每个基本实验着重解决两三个基本问题。注意让某些重要的实验内容出现适当的重复，以加深印象和熟练操作。

后阶段着重安排一些中型或大型实验，主要用于培养学生综合运用实验理论和加强实践技能的训练，特别应注意在理论指导下提高分析问题和解决问题的能力。例如，对实验中出现的一些现象能做出正确的解释，并在此基础上有能力解决一些实际问题。

（4）贯彻因材施教的原则，对不同程度的学生提出不同的要求。在完成规定的基本实验内容后，允许能力较强的学生选做、加做某些实验内容。

二、电子技术实验的基本程序

电子技术实验的内容广泛，每个实验的目的、步骤也有所不同，但基本过程却是类似的。为了达到每个实验的预期效果，要求参加实验者做到以下几点。

1. 实验前的预习

为了避免盲目性，使实验过程有条不紊地进行，每个实验前都要做好以下几个方面实验准备。

（1）阅读实验教材，明确实验目的、任务，了解实验内容及测试方法。

（2）复习有关理论知识并掌握所用仪器的使用方法，认真完成所要求的电路设计、实验底板安装等任务。

（3）根据实验内容拟好实验步骤，选择测试方案。

（4）对实验中应记录的原始数据和待观察的波形，应先列表待用。

2. 预习实验软件基本功能

实验软件学生使用指南如下：

正确安装本软件后，在计算机上的“开始”菜单里的“程序组”中或桌面上就会生成“网络电子实验管理系统”的快捷方式，单击这个快捷方式后就可启动本应用程序。本应用程序启动后就会进入下面的登录窗口，如图1所示。

学生第一次做实验先要进行注册，注册成功后才能进入本程序（以后就可直接输入学号进入实验主界面）。单击“注册”按钮后就可出现如图2所示的注册界面。

图1 登录窗口

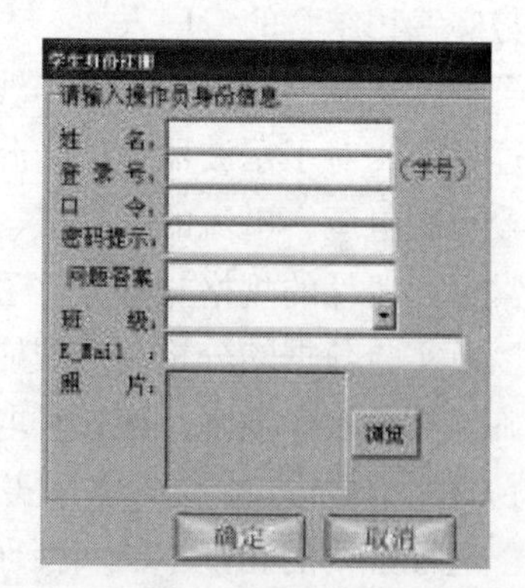

图2 注册界面

先填写“姓名”、“登录号（学号）”、“口令”、“密码提示”、“问题答案”、“班级”、“E-Mail”及“照片”等，然后单击“确定”按钮后就可注册。注册完后学生只需在登录窗口中输入学生的“登录号（学号）”就可进入程序主界面，如图3所示。

图 3　程序主界面

单击“填写实验报告”选项后出现如图 4 所示的界面。

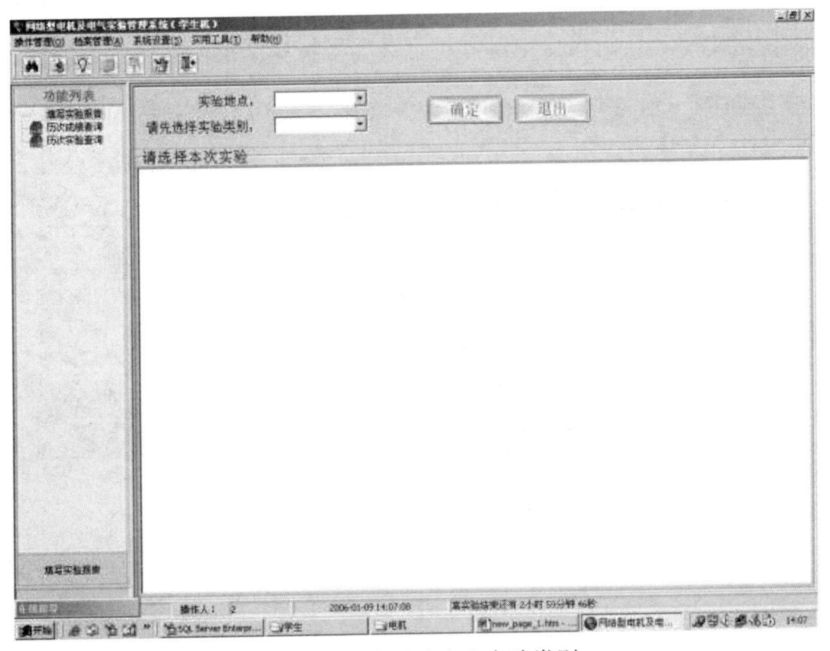

图 4　选择实验地点和实验类别

请选择“实验地点”、“实验类别”，再选择所要做的实验，然后单击“确定”按钮进入学生填写实验报告的界面，如图 5 所示（注：表格中黄色的部分表示采集数据，必须要通过仪表采集才能使得到的数据不能手动输入，白色部分表示计算数据，学生可以把计算结果手动输入）。

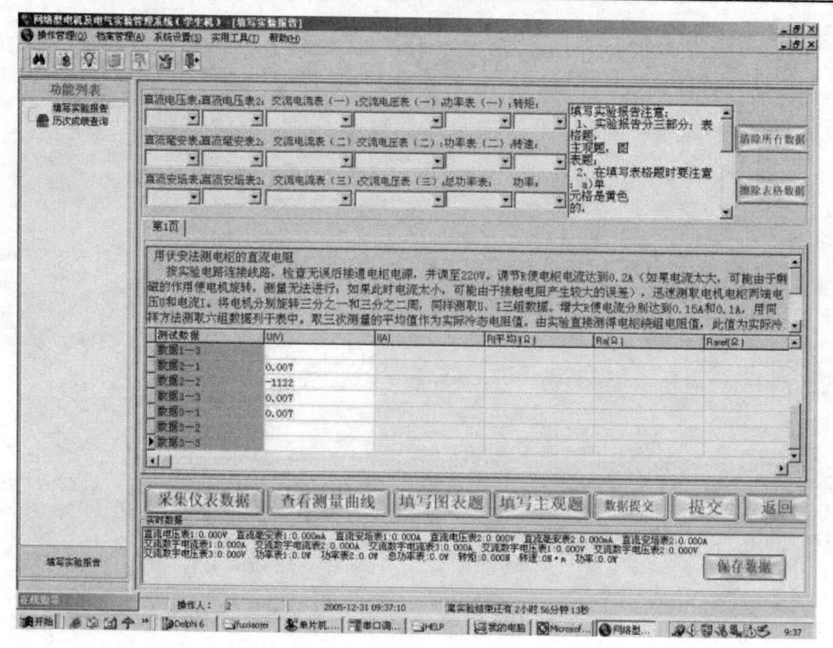

图 5 填写实验报告

其中学生做实验主要的任务如下。

（1）采集仪表数据：主要是对做实验时的电流表、电压表、毫伏表、信号源、示波器、数码管、逻辑电平、直流稳压电源等进行数据采集和监控，其主要界面如图 6 所示。

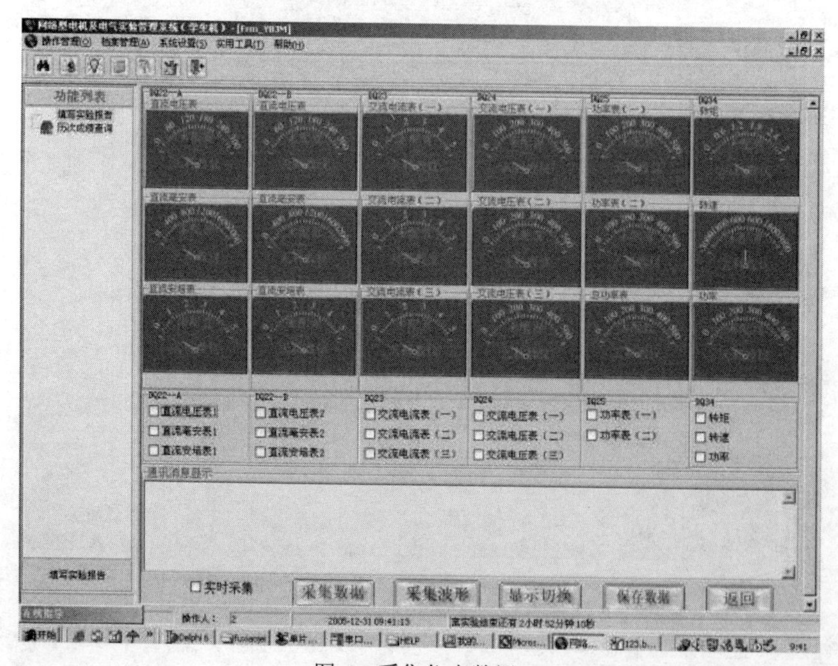

图 6 采集仪表数据

当一组数据采集完成后，单击“保存数据”按钮，这样采集到的数据就保存到了如图 5 所示的界面中了，只要单击“返回”按钮就可以把采集到的数据填写到实验报告的相应表格中了。控制信号源时在输入框输入控制的值以后，按 Enter 键就可以把该值发给信号源。

采集波形：主要是对示波器的测量波形进行采集。当示波器采集完波形以后，示波器的键盘被锁住，不能使用，按示波器上的 Force 键即可以解锁，如图 7 所示。

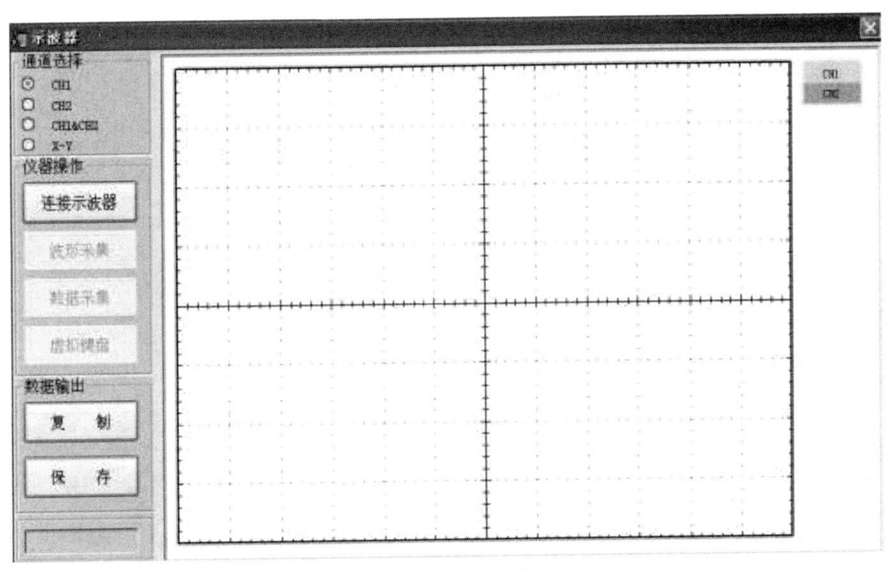

图 7　示波器波形采集界面

（2）填写图表题：单击“填写图表题”进入如图 8 所示的图表填写界面。单击“采集波形”按钮将弹出如图 7 所示的波形采集界面。

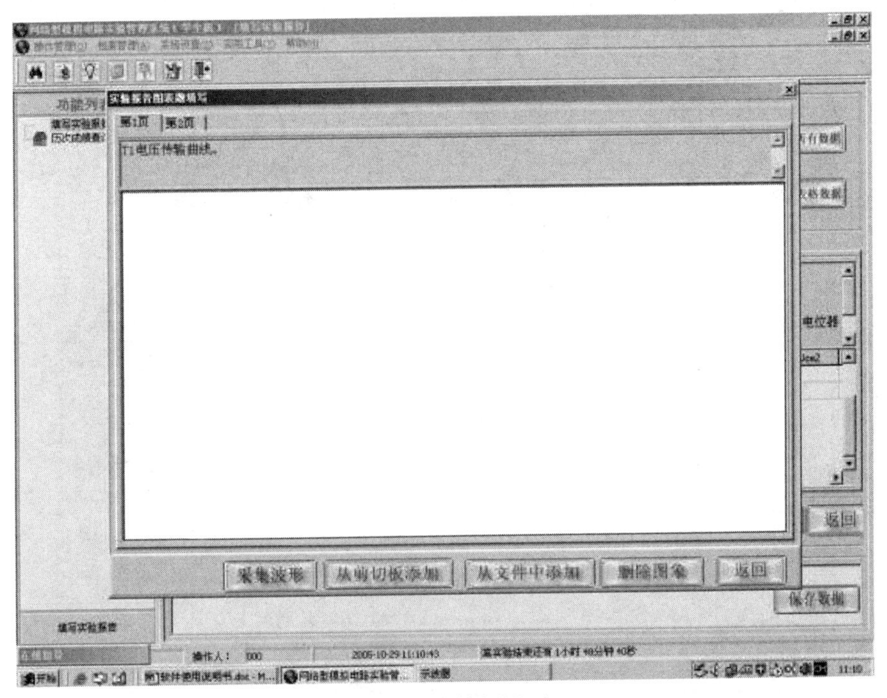

图 8　图表填写界面

设置程序的波特率与实际示波器的波特率一致，然后单击所要采集的通道，这样就可以采集到相应通道的波形。单击“复制”按钮，再单击如图 8 所示的“从剪切板添加”按钮就可以将采集到的波形填入图表题中，如图 9 所示。

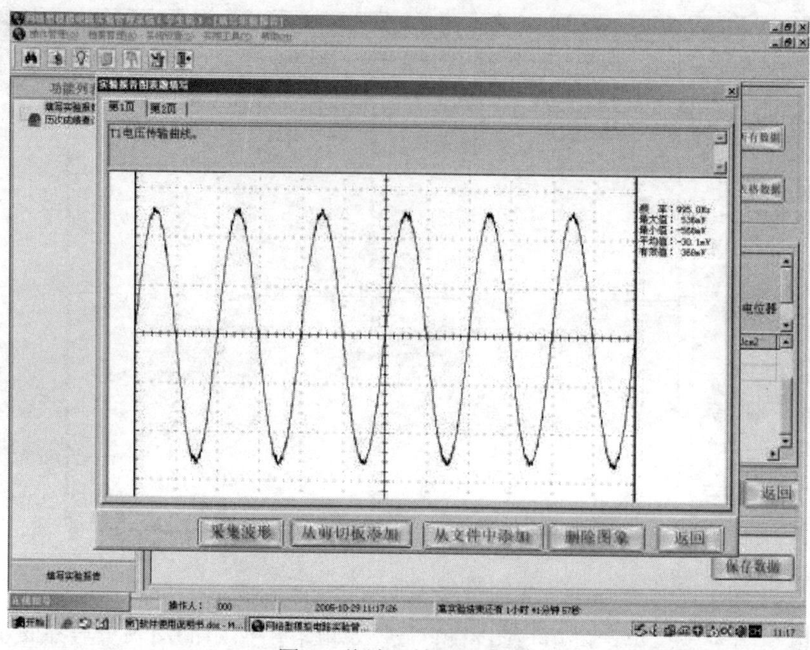

图 9　将波形填入图表题

（3）填写主观题：主要是对这次实验的总结、归纳以及实验的体会误差分析等。单击图 5 所示的“填写主观题”按钮，弹出如图 10 所示的界面。

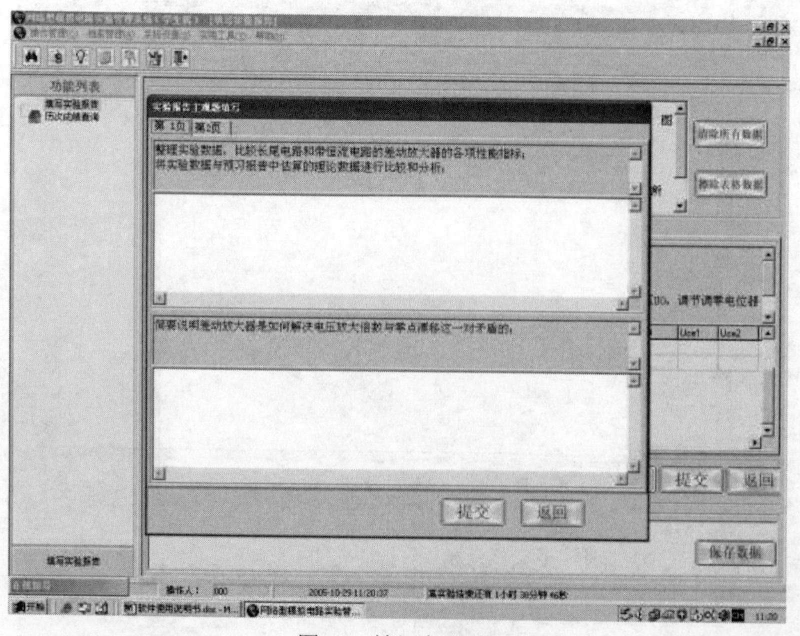

图 10　填写主观题

（4）数据提交：单击图 5 所示的“数据提交”按钮，教师机上的“在线指导”里面将显示提交的数据信息，教师就可以去查看实验数据，如果有错误就可以及时修改。

（5）报告提交：单击“提交”按钮，该实验已经结束，实验报告已经上交到服务器。

三、实验成绩及相关因素

实验成绩占总成绩的 30%，实验成绩由以下诸项因素决定：

（1）在实验过程中，遵守实验室的规定；

（2）填写实验报告时，保证实验报告与实验的绝对真实性，真实第一、准确第二，如发现抄袭现象，取消本次实验成绩；

（3）完成规定的实验内容，在实验室花费足够的时间做实验；

（4）在学期期末，进行实际操作以考核的成绩；

（5）在期末理论课考试中，还要有与实验课有关的内容。

学生在期末考试以前，必须完成规定实验内容的 80%以上，否则不准参加实验考核和理论课考试，即使考了，成绩也无效。而某些方面的异常优秀，可以作为加分的因素。比如，同学完成了规定内容以外的实验，且有一定的独创性，可以考虑在总成绩中加分；对在电子竞赛中表现突出的同学，也将考虑奖励适当的分数。

实验一　常用电子仪器的使用

一、实验目的

（1）学习电子电路实验中常用的电子仪器——示波器、函数信号发生器、直流稳压电源、交流毫伏表、频率计等的主要技术指标、性能及正确使用方法。

（2）初步掌握用双踪示波器观察正弦信号波形和读取波形参数的方法。

二、实验原理

在电子电路实验中，经常使用的电子仪器有示波器、函数信号发生器、直流稳压电源、交流毫伏表及频率计等。它们和万用电表一起，可以完成对电子电路的静态和动态工作情况的测试。

实验中要对各种电子仪器进行综合使用，可按照信号流向，以连线简洁、调节方便、观察与读数方便等原则进行合理布局，各仪器与被测实验装置之间的布局及连接如图 1-1 所示。接线时应注意，为防止外界干扰，各仪器的共公接地端应连接在一起，称共地。信号源和交流毫伏表的引线通常用屏蔽线或专用电缆线，示波器接线使用专用电缆线，直流电源的接线用普通导线。

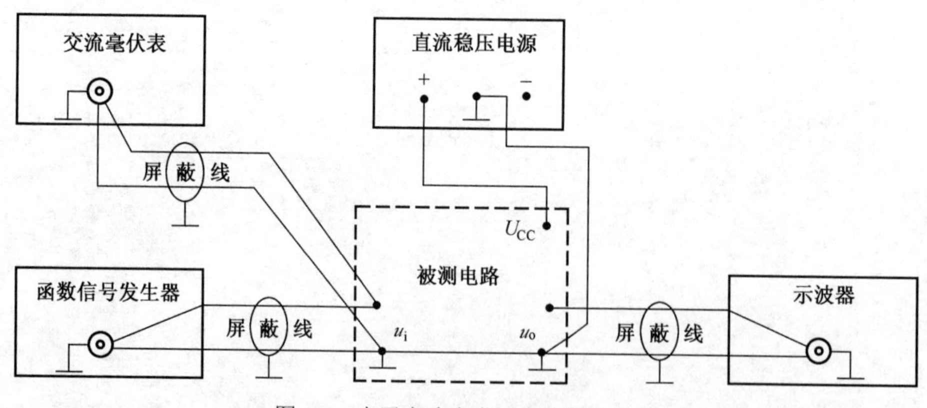

图 1-1　电子电路中常用电子仪器布局

1. 示波器

示波器是一种用途很广的电子测量仪器，它既能直接显示电信号的波形，又能对电信号进行各种参数的测量。现着重指出下列几点。

DS5000 数字存储示波器向用户提供简单而功能明晰的前面板，以方便进行基本的操作。面板上包括旋钮和功能按键。旋钮的功能与其他示波器类似。显示屏右侧的一列 5 个灰色按键为菜单操作键（自上而下定义为 1 号至 5 号），通过它们可以设置当前菜单的不同选项。其他按键（包括彩色按键）为功能键，通过它们可以进入不同的功能菜单或直接获得特定的功能应用。

图 1-2 所示为 DS5000 数字存储示波器面板操作说明。

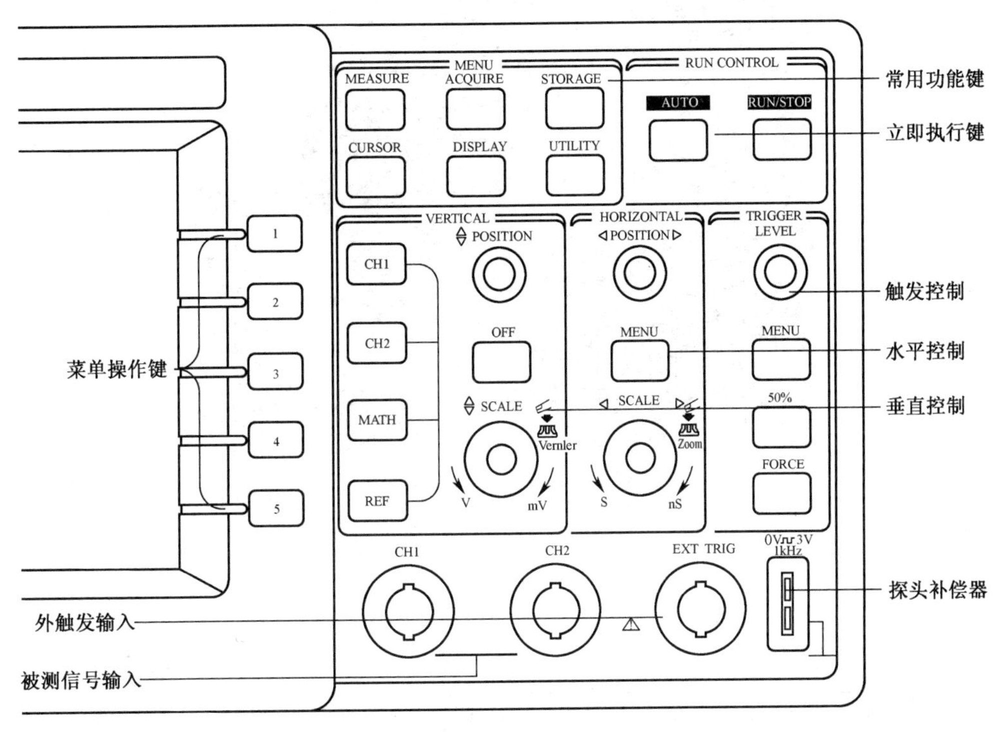

图 1-2 DS5000 数字存储示波器面板操作说明

DS5000 数字存储示波器显示界面如图 1-3 所示，功能键的标识用一个四方框包围的文字所表示，如MEASURE，代表前面板上的一个上方标注着 MEASURE 文字的灰色功能键。与其类似，菜单操作键的标识用带阴影的文字表示，如“交流”表示 MEASURE（自动测量）菜单中的耦合方式选项。

2. 函数信号发生器

TKDDS-1 型全数字合成函数信号发生器前面板示意图如图 1-4 所示。

TKDDS-1 型全数字合成函数信号发生器前面板上有 10 个功能键、12 个数字键、2 个左右方向键及一个手轮。

其操作方法如下：

（1）接通电源线，按动前面板左下部的电源开关键，即点亮液晶，按动任何键一次，则可进入频率设置菜单，整机开始工作。

（2）选择波形：按“波形”键进入波形选择菜单；旋转手轮，则输出波形依次变为正弦波（Sin）、方波（Square）、三角波（Triangle）、升斜波（Rampup）、降斜波（Rampdown）、噪声（Noise）、SIN(X)/X、升指数（Expup）、降指数（Expdown）。

（3）调节频率：按“频率”键进入频率设置菜单，可直接通过手轮旋转来调节参数，达到需要值时，按“确定”键。若需要重新设定参数，则按“取消”键。

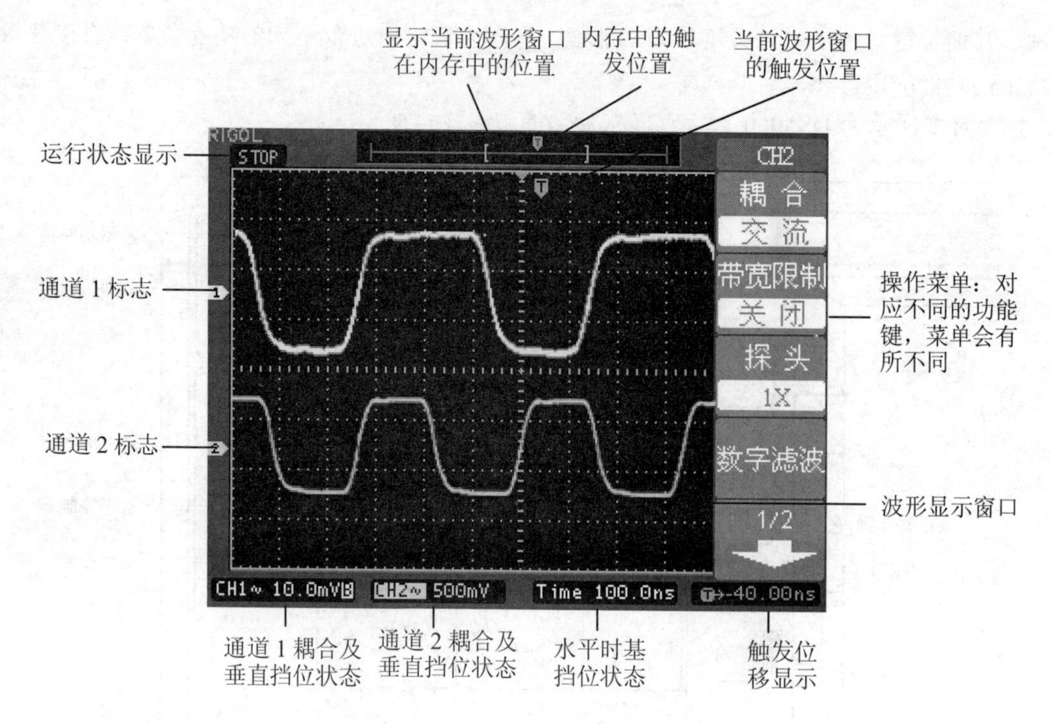

图 1-3　显示界面说明

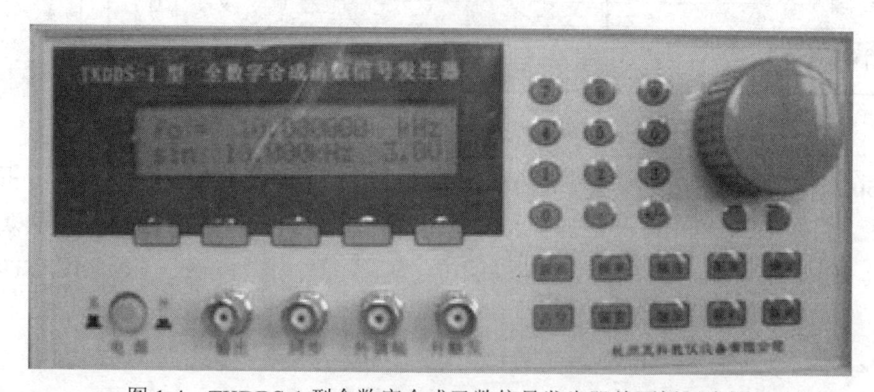

图 1-4　TKDDS-1 型全数字合成函数信号发生器前面板示意图

（4）调节幅度：按“幅度”键进入幅度设置菜单，直接通过手轮旋转来调节参数，达到需要值时，按“确定”键。若需要重新设定参数，则按“取消”键。

用类似方法还可调节“偏置比”和“占空比”。

所有参数的设置都可直接通过手轮旋转来调节（只要屏幕上有闪烁，便表示可用手轮操作）。此时，屏幕上的参数的某一位在闪烁，表示当前数位的数字可以调节。使用手轮下面的左、右方向键可改变闪烁的数位，实现粗调或微调。手轮调节过程的同时仪器随之改变参数配置。手轮设置方式与传统的电位器旋钮相似。

另一种参数设置方式是通过数字键写入：按“确定”键，屏幕上原有的数字消失，按数字键输入数值，其间，所有新输入的数字不断闪烁，表示正处于输入状态，若发现输入数字有误，可用左向键删除最右边的数字。在键盘输入状态下，按“取消”键可退出输入状态，恢复原设置参数。当所有数字输入完成后，按“确定”键将仪器调整为新的参数状态，同时，数字停止闪烁。

注意：函数信号发生器作为信号源，它的输出端不允许短路。

3. 交流毫伏表

交流毫伏表只能在其工作频率范围之内，用来测量正弦交流电压的有效值。本系列毫伏表采用单片机控制技术和液晶点阵技术，集模拟与数字技术于一体，是一种通用型智能化的全自动数字交流毫伏表。适用于测量频率为 5Hz～2MHz，电压为 0～300V 的正弦波有效值电压。具有测量精度高、测量速度快、输入阻抗高、频率影响误差小等优点。

4. 6 位数显频率计

本频率计的测量频率范围为 1Hz～10MHz，最大峰峰值为 20V，有 6 位共阴极 LED 数码管予以显示，闸门时基 1s，灵敏度 35mV（1～500kHz）、100mV（500kHz～10MHz）；测频精度为 0.2‰（10MHz）。

先开启电源开关，再开启频率计处分开关，频率计即进入待测状态。

三、实验设备与器件

（1）函数信号发生器。

（2）双踪示波器。

（3）交流毫伏表。

四、实验内容

1. 用机内校正信号对示波器进行自检

（1）示波器接入信号。

1）用示波器探头将信号接入通道 CH1（如图 1-5 所示），将探头上的开关设定为 1X（如图 1-6 所示）并将示波器探头与通道 CH1 连接。将探头连接器上的插槽对准 CH1 同轴电缆插接件（BNC）上的插口并插入，然后向右旋转以拧紧探头。

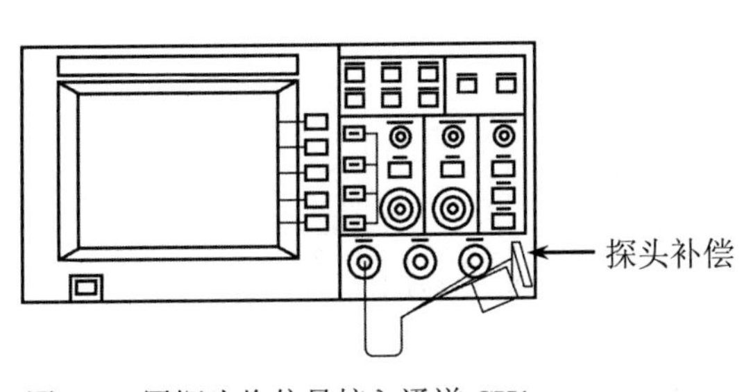

图 1-5　用探头将信号接入通道 CH1

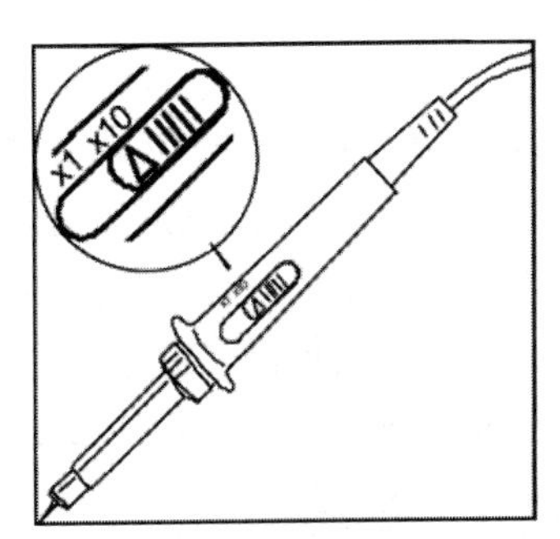

图 1-6　将探头上的开关设定为 1X

2）示波器需要输入探头衰减系数。此衰减系数改变仪器的垂直挡位比例，从而使得测量结果正确反映被测信号的电平（默认的探头菜单衰减系数设定值为 1X）。设置探头衰减系数的方法如下：按CH1功能键显示通道CH1的操作菜单，应用与探头项目平行的3号菜单操作键，选择与使用的探头同比例的衰减系数。此时设定值应为1X。

3）把探头端部和接地夹接到探头补偿器的连接器上。按AUTO（自动设置）键。几秒钟内，可见到方波显示（1kHz，约3V，峰到峰）。

4）以同样的方法检查通道CH2。按OFF功能键以关闭通道CH1，按CH2功能键以打开通道CH2，重复步骤（2）和步骤（3）。

（2）测试“校正信号”波形的幅度、频率。

1）欲迅速显示“校正信号”信号，请按以下步骤操作：

- 将探头菜单衰减系数设定为1X（如图1-7所示），并将探头上的开关设定为1X（如图1-6所示）。
- 将通道CH1的探头连接到示波器的探头补偿器。
- 按下AUTO（自动设置）键。

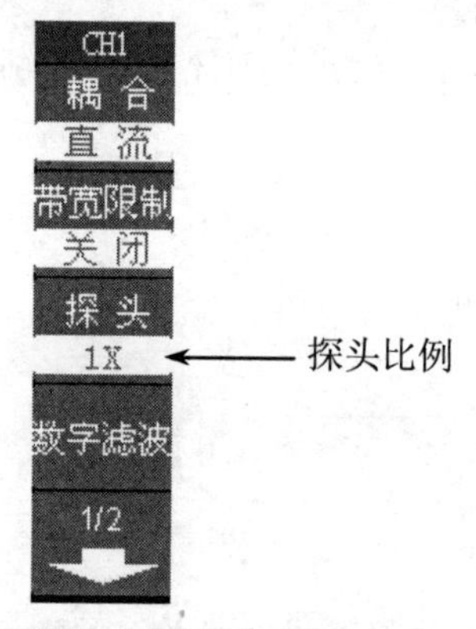

图1-7　设置探头的衰减系数

示波器将自动设置使波形显示达到最佳。在此基础上，可以进一步调节垂直、水平挡位，直至波形的显示符合要求。

2）进行自动测量，示波器可对大多数显示信号进行自动测量。欲测量信号频率和峰峰值，可按以下步骤操作：

- 测量峰峰值。

按下MEASURE键以显示自动测量菜单。

按下1号菜单操作键以选择信号源CH1。

按下2号菜单操作键选择测量类型：电压测量。

按下2号菜单操作键选择测量参数：峰峰值。

此时，可以在屏幕左下角发现峰峰值的显示，记入表1-1中。

- 测量频率。

按下3号菜单操作键选择测量类型：时间测量。

按下2号菜单操作键选择测量参数：频率。

此时，可以在屏幕下方发现频率的显示，记入表1-1中。

表 1-1　数据记录表

	标准值	实测值
幅度 U_{pp}（V）		
频率 f（kHz）		
上升沿时间（μs）		
下降沿时间（μs）		

注意：将输入耦合方式置于“交流”或“直流”，调节水平 SCALE 旋钮改变“s/div（秒/格）”水平挡位，使示波器显示屏上显示出一个或数个周期稳定的方波波形。

测量结果在屏幕上的显示会因为被测信号的变化而改变。

注：不同型号的示波器标准值有所不同（DS5000 数字存储示波器 f=1kHz，U_{pp}=3V），可按所使用示波器将标准值填入表格中。

3）测量“校正信号”的上升时间和下降时间

按 MEASURE 自动测量功能键，系统显示自动测量操作菜单，如图 1-8 所示。

按下 3 号菜单操作键选择测量类型：时间测量（如图 1-8 所示）。

按下 4 号菜单操作键选择测量参数：上升时间（如图 1-9 所示）。

按下 5 号菜单操作键选择测量参数：下降时间（如图 1-9 所示）。

图 1-8　时间测量

图 1-9　上升、下降时间测量

此时，可以在屏幕下方发现上升时间和下降时间的显示，记入表 1-1 中。

2. 用示波器和交流毫伏表测量信号参数

调节函数信号发生器有关旋钮，使输出频率分别为 100Hz、1kHz、10kHz、100kHz，有效值均为 1V（交流毫伏表测量值）的正弦波信号。

先调节示波器的水平 SCALE 旋钮改变“s/div（秒/格）”水平挡位，再调节示波器的垂直 SCALE 旋钮改变“V/div（伏/格）”垂直挡位等位置， 测量出信号源输出电压频率及峰峰值，记入表 1-2 中。

表 1-2 数据记录表

信号电压频率	示波器测量值			信号电压	计算值
	周期（ms）	频率（Hz）	峰峰值 U_{pp}（V）	毫伏表读数（V）	有效值 U（V）
100Hz					
1kHz					
10kHz					
100kHz					

3. 测量两波形间相位差

（1）用双踪示波器显示测量两波形间相位差。

1）按图 1-10 所示连接实验电路，将函数信号发生器的输出电压调至频率为 1kHz、幅值为 2V 的正弦波，经 *RC* 移相网络获得频率相同但相位不同的两路信号 u_i 和 u_R，分别加到双踪示波器的 CH1 和 CH2 输入端。

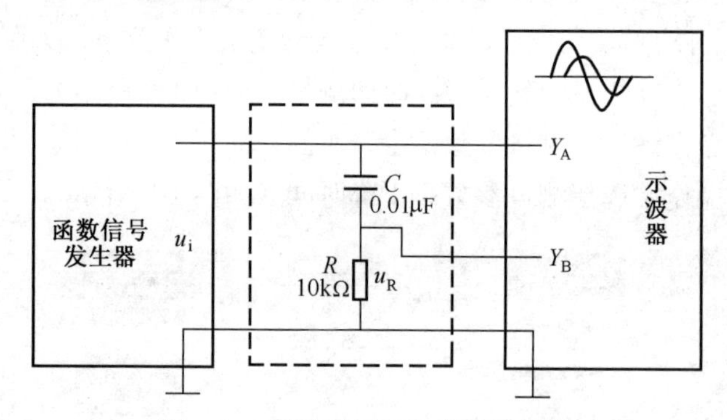

图 1-10 两波形间相位差测量电路

设置探头和示波器通道的探头衰减系数为 1X。将示波器 CH1 通道与电路信号输入端相接，CH2 通道则与输出端相接。

2）显示 CH1 通道和 CH2 通道的信号：

按下 AUTO（自动设置）键。继续调整水平、垂直挡位直至波形显示满足测试要求。

按 CH1 键选择通道 CH1，旋转垂直（VERTICAL）区域的垂直 POSITION 旋钮调整通道 CH1 波形的垂直位置。

按 CH2 键选择通道 CH2，如前操作，调整通道 CH2 波形的垂直位置。使通道 CH1、CH2 的波形既不重叠在一起，又利于观察比较。

3）测量正弦信号通过电路后产生的延时，并观察波形的变化。

- 自动测量通道延时。

按下 MEASURE 键以显示自动测量菜单。

按下 1 号菜单操作键以选择信源 CH1。

按下 3 号菜单操作键选择时间测量。

按下 1 号菜单操作键选择测量类型分页时间测量 3-3。

按下 2 号菜单操作键选择测量类型延迟 1->2 ⨍ 。

此时，可以在屏幕左下角发现通道 CH1、CH2 在上升沿的延时（相位差）数值显示。

- 观察波形的变化（如图 1-11 所示）。

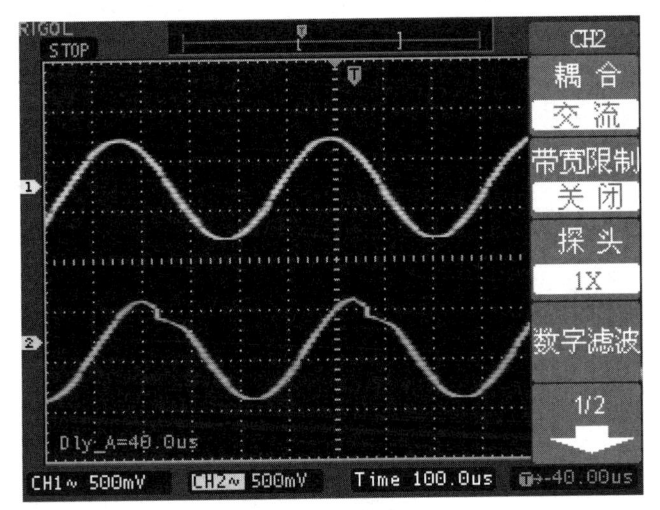

图 1-11　形差变图

$$\theta = \frac{X}{X_T} \times 360^\circ$$

式中，X_T——一周期所占格数；X——两波形在 X 轴方向差距格数。

记录两波形相位差于表 1-3 中。

表 1-3　两波形相位差记录表

一周期格数	两波形 X 轴差距格数	相位差	
		实测值	计算值
X_T=	X=	θ=	θ=

五、预习要求

（1）阅读实验中有关示波器部分内容。

（2）已知 $C = 0.01\mu F$、$R = 10k\Omega$，计算如图 1-10 所示的 RC 移相网络的阻抗角 θ。

六、注意事项

（1）函数信号发生器的输出不能短路。

（2）注意频率计的测量频率和电压范围。

七、思考题

（1）如何操纵示波器有关旋钮，以便从示波器显示屏上观察到稳定、清晰的波形？

（2）函数信号发生器有哪几种输出波形？它的输出端能否短接，如用屏蔽线作为输出引线，则屏蔽层一端应该接在哪个接线柱上?

（3）交流毫伏表是用来测量正弦波电压还是非正弦波电压？它显示的值是被测信号的什么数值？它是否可以用来测量直流电压的大小？

八、实验报告

整理实验数据并进行分析。

实验二　集成门电路

一、实验目的

（1）掌握 TTL 集成与非门的逻辑功能和主要参数的测试方法。

（2）掌握 TTL 器件的使用规则。

（3）进一步熟悉数字电路实验装置的结构、基本功能和使用方法。

二、实验原理

本实验采用四输入双与非门 74LS20，即在一块集成块内含有两个互相独立的与非门，每个与非门有 4 个输入端。其逻辑框图、符号及引脚排列如图 2-1（a）、（b）、（c）所示。

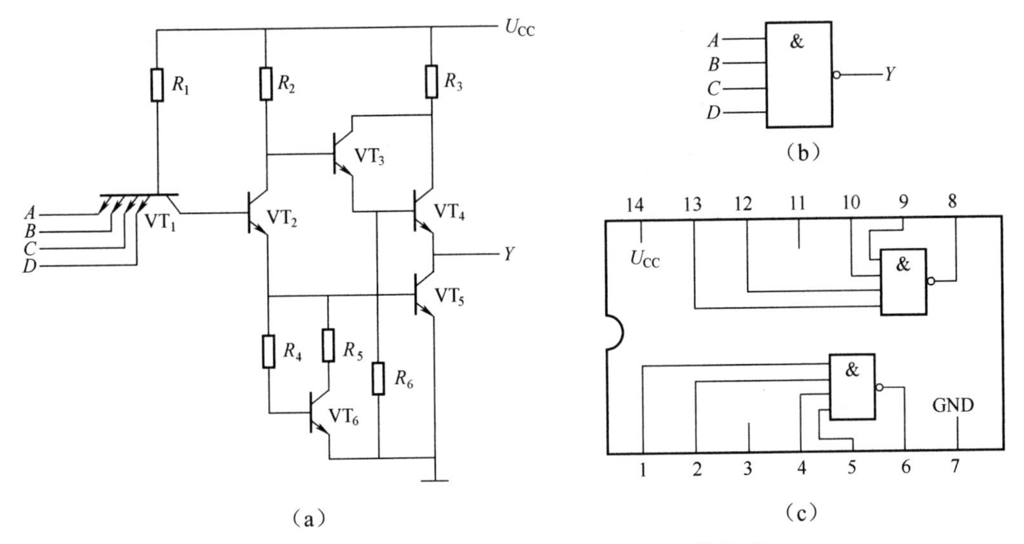

图 2-1　74LS20 逻辑框图、逻辑符号及引脚排列

1．与非门的逻辑功能

与非门的逻辑功能是：当输入端中有一个或一个以上是低电平时，输出端为高电平；只有当输入端全部为高电平时，输出端才是低电平（即有“0”得“1”，全“1”得“0”。）

其逻辑表达式为

$$Y = \overline{AB \cdots}$$

2．TTL 与非门的主要参数

（1）低电平输出电源电流 I_{CCL} 和高电平输出电源电流 I_{CCH}。与非门处于不同的工作状态，电源提供的电流是不同的。I_{CCL} 是指所有输入端悬空，输出端空载时，电源提供器件的电流。I_{CCH} 是指输出端空载，每个门各有一个以上的输入端接地，其余输入端悬空，电源提供给器件的电流。通常 $I_{CCL} > I_{CCH}$，它们的大小标志着器件静态功耗的大小。器件的最大功耗为$P_{CCL}=U_{CC}I_{CCL}$。手册中提供的电源电流和功耗值是指整个器件总的电源电流和总的功耗。I_{CCL}和I_{CCH}测试电路如图2-2（a）、（b）所示。

注意：TTL电路对电源电压要求较严格，电源电压U_{CC}只允许在+5V±10%的范围内工作，超过5.5V将损坏器件；低于4.5V器件的逻辑功能将不正常。

（2）低电平输入电流I_{iL}和高电平输入电流I_{iH}。I_{iL}是指被测输入端接地，其余输入端悬空，输出端空载时由被测输入端流出的电流值。在多级门电路中，I_{iL}相当于前级门输出低电平时，后级向前级门灌入的电流，因此它关系到前级门的灌电流负载能力，即直接影响前级门电路带负载的个数，因此希望I_{iL}小些。

I_{iH}是指被测输入端接高电平，其余输入端接地，输出端空载时，流入被测输入端的电流值。在多级门电路中，它相当于前级门输出高电平时，前级门的拉电流负载，其大小关系到前级门的拉电流负载能力，希望I_{iH}小些。由于I_{iH}较小，难以测量，一般免于测试。

I_{iL}与I_{iH}的测试电路如图2-2（c）、（d）所示。

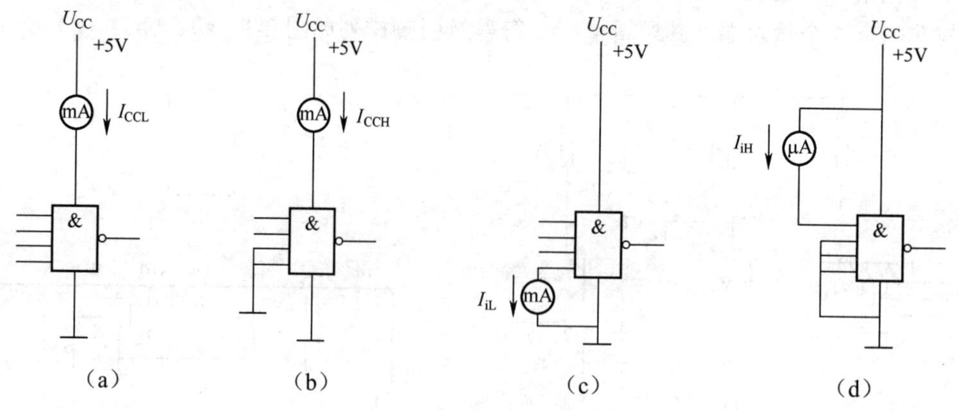

图2-2 TTL与非门静态参数测试电路

（3）扇出系数N_o。扇出系数N_o是指门电路能驱动同类门的个数，它是衡量门电路负载能力的一个参数，TTL与非门有两种不同性质的负载，即灌电流负载和拉电流负载，因此有两种扇出系数，即低电平扇出系数N_{oL}和高电平扇出系数N_{oH}。通常$I_{iH}<I_{iL}$，则$N_{oH}>N_{oL}$，故常以N_{oL}作为门的扇出系数。

N_{oL}的测试电路如图2-3所示，门的输入端全部悬空，输出端接灌电流负载R_L，调节R_L使I_{oL}增大，U_{oL}随之增高，当U_{oL}达到U_{oLm}（手册中规定低电平规范值为0.4V）时的I_{oL}就是允许灌入的最大负载电流，则

$$N_{oL}=\frac{I_{oL}}{I_{iL}} \quad 通常 N_{oL}\geqslant 8$$

（4）电压传输特性。门的输出电压u_o随输入电压u_i而变化的曲线$u_o=f(u_i)$，称为门的电压传输特性，通过它可读得门电路的一些重要参数，如输出高电平U_{oH}、输出低电平U_{oL}、关门电平U_{off}、开门电平U_{oN}、阈值电平U_T及抗干扰容限U_{NL}、U_{NH}等值。测试电路如图2-4所示，采用逐点测试法，即调节R_w，逐点测得U_i及U_o，然后绘成曲线。

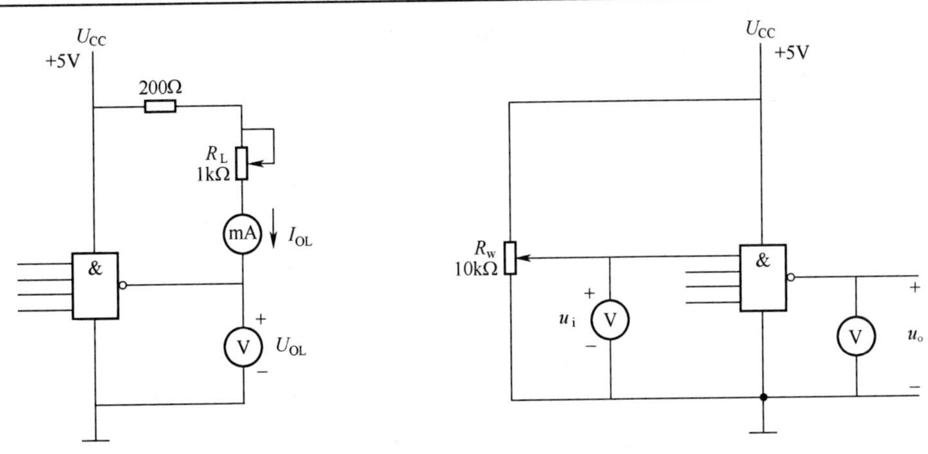

图 2-3　扇出系数试测电路　　　　图 2-4　传输特性测试电路

（5）平均传输延迟时间 t_{pd}。t_{pd} 是衡量门电路开关速度的参数，它是指输出波形边沿的 $0.5U_m$ 至输入波形对应边沿 $0.5U_m$ 点的时间间隔，如图 2-5 所示。

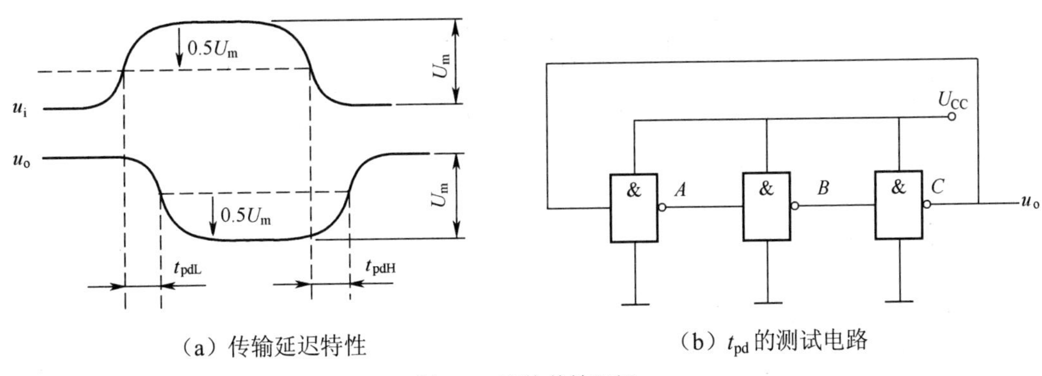

（a）传输延迟特性　　　　（b）t_{pd} 的测试电路

图 2-5　平均传输延迟

图 2-5（a）中的 t_{pdL} 为导通延迟时间，t_{pdH} 为截止延迟时间，平均传输延迟时间为

$$t_{pd}=\frac{1}{2}(t_{pdL}+t_{pdH})$$

t_{pd} 的测试电路如图 2-5（b）所示，由于 TTL 门电路的延迟时间较小，直接测量时对信号发生器和示波器的性能要求较高，故实验采用测量由奇数个与非门组成的环形振荡器的振荡周期 T 来求得。其工作原理是：假设电路在接通电源后某一瞬间，电路中的 A 点为逻辑“1”，经过 3 级门的延迟后，使 A 点由原来的逻辑“1”变为逻辑“0”；再经过 3 级门的延迟后，A 点电平又重新回到逻辑“1”。电路中其他各点电平也跟随变化。说明使 A 点发生一个周期的振荡，必须经过 6 级门的延迟时间。因此平均传输延迟时间为

$$t_{pd}=\frac{T}{6}$$

TTL 电路的 t_{pd} 一般在 10～40ns 之间。

74LS20 主要电参数规范如表 2-1 所示。

表 2-1 74LS20 主要电参数规范

参数名称和符号			规范值	单位	测试条件
直流参数	通导电源电流	I_{CCL}	<14	mA	U_{CC}=5V，输入端悬空，输出端空载
	截止电源电流	I_{CCH}	<7	mA	U_{CC}=5V，输入端接地，输出端空载
	低电平输入电流	I_{iL}	≤1.4	mA	U_{CC}=5V，被测输入端接地，其他输入端悬空，输出端空载
	高电平输入电流	I_{iH}	<50	μA	U_{CC}=5V，被测输入端 U_{in}=2.4V，其他输入端接地，输出端空载
			<1	mA	U_{CC}=5V，被测输入端 U_{in}=5V，其他输入端接地，输出端空载
	输出高电平	U_{OH}	≥3.4	V	U_{CC}=5V，被测输入端 U_{in}=0.8V，其他输入端悬空，I_{OH}=400μA
	输出低电平	U_{OL}	<0.3	V	U_{CC}=5V，输入端 U_{in}=2.0V，I_{OL}=12.8mA
	扇出系数	N_O	4～8	V	同 U_{OH} 和 U_{OL}
交流参数	平均传输延迟时间	t_{pd}	≤20	ns	U_{CC}=5V，被测输入端输入信号：U_{in}=3.0V，f=2MHz

三、实验设备与器件

（1）+5V 直流电源。

（2）逻辑电平开关。

（3）逻辑电平显示器。

（4）直流数字电压表。

（5）直流毫安表。

（6）直流微安表。

（7）74LS20×2、1k×2 电位器和 200Ω电阻器（0.5W）。

四、实验内容

在合适的位置选取一个 14 脚插座，按定位标记插好 74LS20 集成块。

1. 验证 TTL 集成与非门 74LS20 的逻辑功能

按图 2-6 所示接线，门的 4 个输入端接逻辑开关输出插口，以提供“0”与“1”电平信号，开关向上，输出逻辑“1”，向下为逻辑“0”。门的输出端接由 LED 发光二极管组成的逻辑电平显示器（又称 0－1 指示器）的显示插口，LED 亮为逻辑“1”，不亮为逻辑“0”。按表 2-2 所列的真值表逐个测试集成块中两个与非门的逻辑功能。74LS20 有 4 个输入端，有 16 个最小项，在实际测试时，只要通过对输入 1111、0111、1011、1101、1110 这 5 项进行检测就可判断其逻辑功能是否正常。

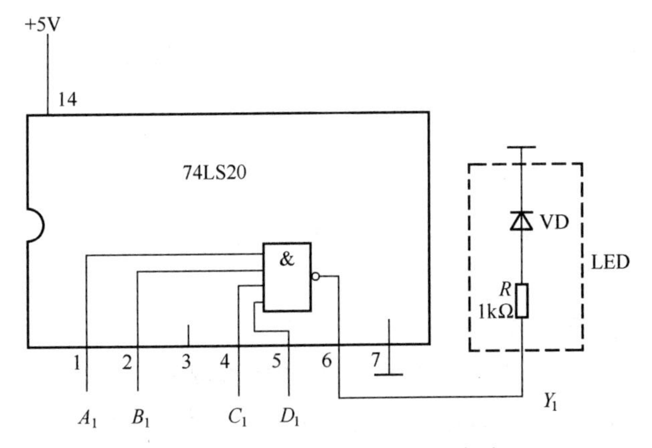

图 2-6　与非门逻辑功能测试电路

表 2-2　真值表

输入				输出
A_1	B_1	C_1	D_1	Y_1
1	1	1	1	
0	1	1	1	
1	0	1	1	
1	1	0	1	
1	1	1	0	

2. 74LS20 主要参数的测试

（1）分别按图 2-2、图 2-3、图 2-5（b）所示接线并进行测试，将测试结果记入表 2-3 中。

表 2-3　数据记录表

I_{CCL}（mA）	I_{CCH}（mA）	I_{iL}（mA）	I_{oL}（mA）	$N_o = \frac{I_{oL}}{I_{iL}}$	$t_{pd} = T/6$（ns）

（2）接图 2-4 所示接线，调节电位器 R_W，使 u_i 从 0V 向高电平变化，逐点测量 u_i 和 u_o 的对应值，记入表 2-4 中。

表 2-4　数据记录表

u_i（V）	0	0.2	0.4	0.6	0.8	1.0	1.5	2.0	2.5	3.0	3.5	4.0	…
u_o（V）													

五、预习要求

熟悉集成 TTL 与非门的电路组成、工作原理、电气特性、主要参数和逻辑功能。

六、注意事项

（1）接插集成块时，要认清定位标记，不得插反。

（2）电源电压使用范围为 4.5～5.5V，实验中要求使用 U_{CC}=+5V。电源极性绝对不允许接错。

（3）闲置输入端处理方法。

1）悬空，相当于正逻辑“1”，对于一般小规模集成电路的数据输入端，实验时允许悬空处理。但易受外界干扰，导致电路的逻辑功能不正常。因此，对于接有长线的输入端，中规模以上的集成电路和使用集成电路较多的复杂电路，所有控制输入端必须按逻辑要求接入电路，不允许悬空。

2）直接接电源电压 U_{CC}（也可以串入一只 1～10kΩ的固定电阻）或接至某一固定电压 (2.4V≤U≤4.5V)的电源上，或与输入端为接地的多余与非门的输出端相接。

3）若前级驱动能力允许，可以与使用的输入端并联。

（4）输入端通过电阻接地，电阻值的大小将直接影响电路所处的状态。当 R≤680Ω时，输入端相当于逻辑“0”；当 R≥4.7kΩ时，输入端相当于逻辑“1”。对于不同系列的器件，要求的阻值不同。

（5）输出端不允许并联使用（集电极开路门 OC 和三态输出门电路 3S 除外），否则不仅会使电路逻辑功能混乱，还会导致器件损坏。

（6）输出端不允许直接接地或直接接+5V 电源，否则将损坏器件，有时为了使后级电路获得较高的输出电平，允许输出端通过电阻 R 接至 U_{CC}，一般取 R=3～5.1kΩ。

七、思考题

（1）如果一个与非门的一个输入端接连续脉冲时，那么：

- 其余的输入端是什么逻辑状态时允许脉冲通过？脉冲通过时输出波形与输入波形有何差别？
- 其余输入端是什么逻辑状态时，不允许脉冲通过？在这种情况下，输出端是什么状态？

（2）为什么 TTL 与非门输入端悬空就相当于输入逻辑“1”电平？

八、实验报告

（1）记录、整理实验结果，并对结果进行分析。

（2）画出实测的电压传输特性曲线，并从中读出各有关参数值。

九、集成电路芯片简介

数字电路实验中所用到的集成芯片都是双列直插式的，其引脚排列规则如图 2-1（c）所示。识别方法是：正对集成电路型号（如 74LS20）或看标记（左边的缺口或小圆点标记），从左下角开始按逆时针方向以 1,2,3,…依次排列到最后一脚（在左上角）。在标准型 TTL 集成电路中，电源端 U_{CC} 一般排在左上端，接地端 GND 一般排在右下端。例如，74LS20 为 14 脚芯片，14 脚为 U_{CC}，7 脚为 GND。若集成芯片引脚上的功能标号为 NC，则表示该引脚为空脚，与内部电路不连接。

实验三　组合逻辑电路的设计与测试

一、实验目的

（1）掌握中规模集成数据选择器的逻辑功能及使用方法。

（2）学会用数据选择器构成组合逻辑电路的方法。

（3）熟悉集成全加器的功能和使用方法。

二、实验原理

1. 数据选择器

数据选择器是选择数据的过程，进行数据选择的器件通常也称为数据选择器。

（1）双 4 选 1 数据选择器 74LS153。

所谓双 4 选 1 数据选择器就是在一块集成芯片上有两个 4 选 1 数据选择器。引脚排列如图 3-2 所示，功能如表 3-1 所示。

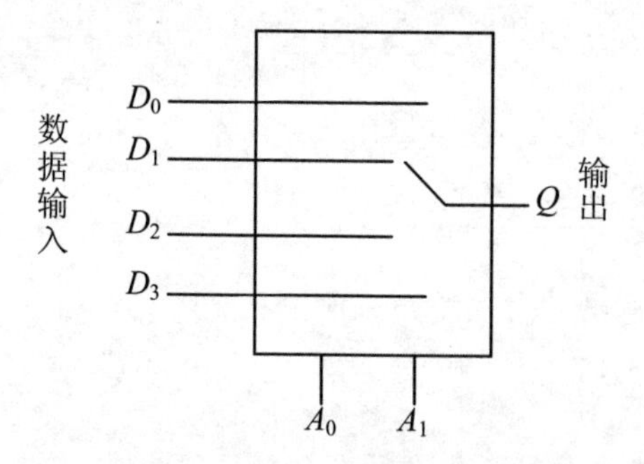

图 3-1　4 选 1 数据选择器示意图

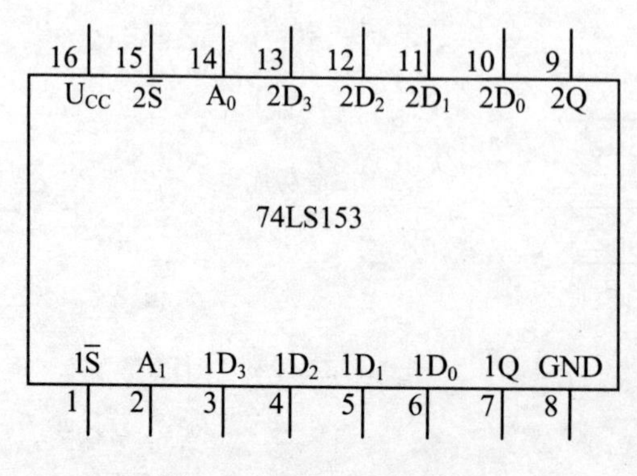

图 3-2　74LS153 引脚排列

表 3-1　功能表

输入			输出
$\overline{S}$	A_1	A_0	Q
1	×	×	0
0	0	0	D_0
0	0	1	D_1
0	1	0	D_2
0	1	1	D_3

$1\overline{S}$ 、$2\overline{S}$ 为两个独立的使能端；A_1、A_0 为公用的地址输入端；$1D_0$～$1D_3$ 和 $2D_0$～$2D_3$ 分别为两个 4 选 1 数据选择器的数据输入端；$1Q$、$2Q$ 为两个输出端。

1）当使能端 $1\overline{S}$ （$2\overline{S}$ ）=1 时，多路开关被禁止，无输出，Q=0。

2）当使能端 $1\overline{S}$ （$2\overline{S}$ ）=0 时，多路开关正常工作，根据地址码 A_1、A_0 的状态，将相应的数据 D_0～D_3 送到输出端 Q。

如 A_1A_0=00，则选择 D_0 数据到输出端，即 Q=D_0。

如 A_1A_0=01，则选择 D_1 数据到输出端，即 Q=D_1，其余类推。

数据选择器的用途很多，如多通道传输、数码比较、并行码变串行码及实现逻辑函数等。

（2）8 选 1 数据选择器 74LS151。

74LS151 为互补输出的 8 选 1 数据选择器，引脚排列如图 3-3 所示，功能如表 3-2 所示。

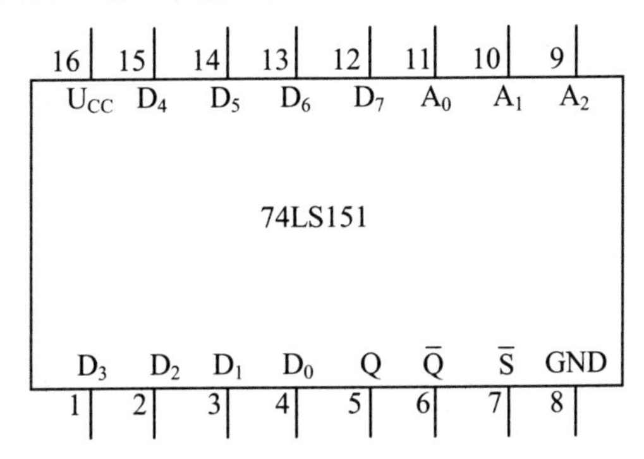

图 3-3　74LS151 引脚排列

表 3-2　功能表

输入				输出	
$\overline{S}$	A_2	A_1	A_0	Q	$\overline{Q}$
1	×	×	×	0	1
0	0	0	0	D_0	$\overline{D}_0$
0	0	0	1	D_1	$\overline{D}_1$

续表

输入				输出	
$\overline{S}$	A_2	A_1	A_0	Q	$\overline{Q}$
0	0	1	0	D_2	$\overline{D}_2$
0	0	1	1	D_3	$\overline{D}_3$
0	1	0	0	D_4	$\overline{D}_4$
0	1	0	1	D_5	$\overline{D}_5$
0	1	1	0	D_6	$\overline{D}_6$
0	1	1	1	D_7	$\overline{D}_7$

选择控制端（地址端）为 A_2～A_0，按二进制译码，从 8 个输入数据 D_0～D_7 中，选择一个需要的数据送到输出端 Q，$\overline{S}$ 为使能端，低电平有效。

1）使能端 $\overline{S}=1$ 时，不论 A_2～A_0 状态如何，均无输出（Q=0，$\overline{Q}=1$），多路开关被禁止。

2）使能端 $\overline{S}=0$ 时，多路开关正常工作，根据地址码 A_2、A_1、A_0 的状态选择 D_0～D_7 中某一个通道的数据输送到输出端 Q。

如 $A_2A_1A_0=000$，则选择 D_0 数据到输出端，即 $Q=D_0$。

如 $A_2A_1A_0=001$，则选择 D_1 数据到输出端，即 $Q=D_1$，其余类推。

（3）数据选择器的应用——实现逻辑函数。

例 3-1 用 8 选 1 数据选择器 74LS151 实现函数 $F=A\overline{B}+\overline{A}C+B\overline{C}$。

采用 8 选 1 数据选择器 74LS151 可实现任意 3 输入变量的组合逻辑函数。

作出函数 F 的功能表，如表 3-3 所示，将函数 F 功能表与 8 选 1 数据选择器的功能表相比较，可知：

1）将输入变量 C、B、A 作为 8 选 1 数据选择器的地址码 A_2、A_1、A_0。

2）使 8 选 1 数据选择器的各数据输入 D_0～D_7 分别与函数 F 的输出值一一对应。

表 3-3 功能表

输入			输出
C	B	A	F
0	0	0	0
0	0	1	1
0	1	0	1
0	1	1	1
1	0	0	1
1	0	1	1
1	1	0	1
1	1	1	0

即 $A_2A_1A_0 = CBA$，

$$D_0 = D_7 = 0$$

$$D_1 = D_2 = D_3 = D_4 = D_5 = D_6 = 1$$

则 8 选 1 数据选择器的输出 Q 便实现了函数 $F = A\overline{B} + \overline{A}C + B\overline{C}$ 的功能。

实现 8 选 1 数据选择器的接线如图 3-4 所示。

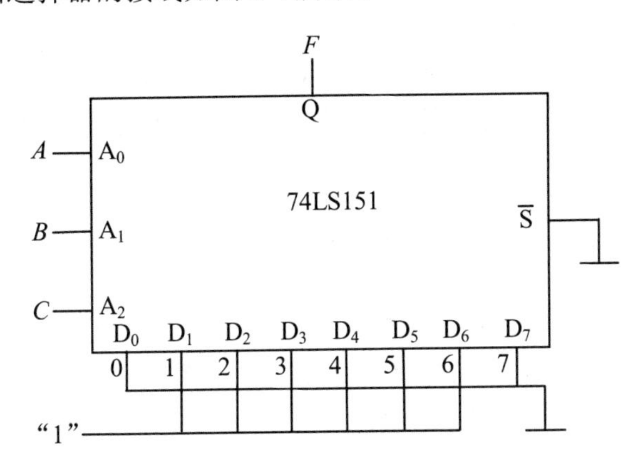

图 3-4　用 8 选 1 数据选择器实现

显然，采用具有 n 个地址端的数据选择实现 n 变量的逻辑函数时，应将函数的输入变量加到数据选择器的地址端 A，选择器的数据输入端 D 按次序以函数 F 输出值来赋值。

例 3-2　用 8 选 1 数据选择器 74LS151 实现函数 $F = A\overline{B} + \overline{A}B$。

（1）列出函数 F 的功能表如表 3-4 所示。

表 3-4　功能表

A	B	F
0	0	0
0	1	1
1	0	1
1	1	0

（2）将 A、B 加到地址端 A_1、A_0，而 A_2 接地，由表 3-4 可见，将 D_1、D_2 接“1”及 D_0、D_3 接地，其余数据输入端 D_4～D_7 都接地,则 8 选 1 数据选择器的输出 Q，便实现了函数 $F = A\overline{B} + B\overline{A}$ 的功能。

实现 $F = A\overline{B} + B\overline{A}$ 函数的接线如图 3-5 所示。

显然，当函数输入变量数小于数据选择器的地址端 A 时，应将不用的地址端及不用的数据输入端 D 都接地。

例 3-3　用 4 选 1 数据选择器 74LS153 实现函数 $F = \overline{A}BC + A\overline{B}C + AB\overline{C} + ABC$。

函数 F 的功能如表 3-5 所示。

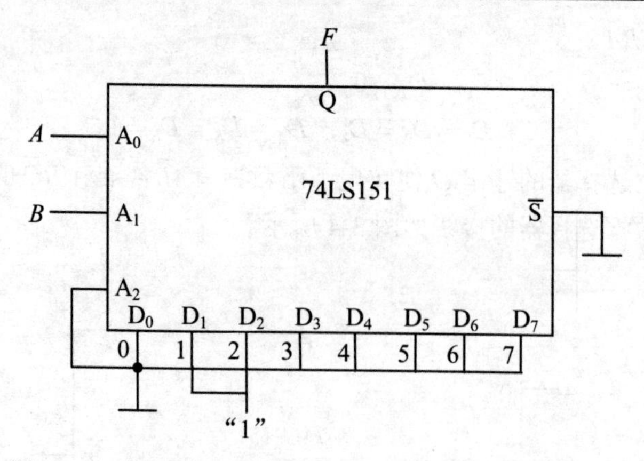

图 3-5　8 选 1 数据选择器实现 $F = A\overline{B} + \overline{A}B$ 的接线图

表 3-5　功能表

输入			输出
A	B	C	F
0	0	0	0
0	0	1	0
0	1	0	0
0	1	1	1
1	0	0	0
1	0	1	1
1	1	0	1
1	1	1	1

函数 F 有 3 个输入变量 A、B、C，而数据选择器有两个地址端 A_1、A_0，少于函数输入变量个数，在设计时可任选 A 接 A_1，B 接 A_0。将函数功能表改画成如图 3-6 所示的形式，可见当将输入变量 A、B、C 中 B 接选择器的地址端 A_1、A_0，由表 3-6 不难看出：D_0=0，D_1=D_2=C，D_3=1。

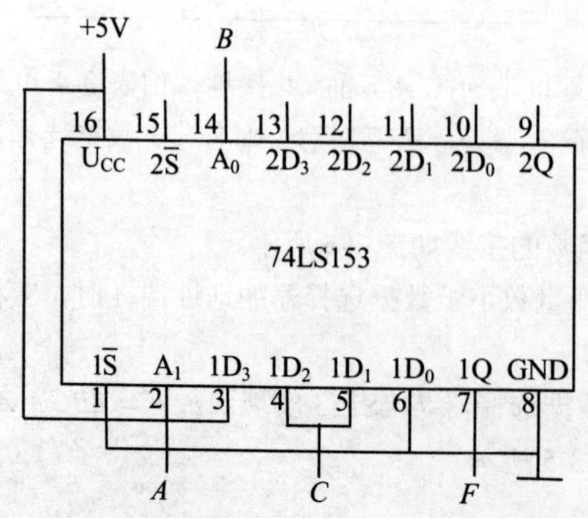

图 3-6　用 4 选 1 数据选择器实现 $F = \overline{A}BC + A\overline{B}C + AB\overline{C} + ABC$ 的接线

表 3-6　功能表

输入			输出	中选数据端
A	B	C	F	
0	0	0 1	0 0	D_0=0
0	1	0 1	0 1	D_1=C
1	0	0 1	0 1	D_2=C
1	1	0 1	1 1	D_3=1

则 4 选 1 数据选择器的输出，便实现了函数 $F=\overline{A}BC+A\overline{B}C+AB\overline{C}+ABC$，其接线如图 3-6 所示。

当函数输入变量大于数据选择器地址端 A 时，可能随着选用函数输入变量作地址的方案不同，而使其设计结果不同，需对几种方案进行比较，以获得最佳方案。

2. 集成全加器 74LS283

74LS283 是 4 位二进制全加法器，每一位都有和（Σ_i）输出，第 4 位为总进位（C_4），并对内部 4 位进行全超前进位。其引脚排列如图 3-7 所示，电路如图 3-8 所示，逻辑电路如图 3-9 所示。

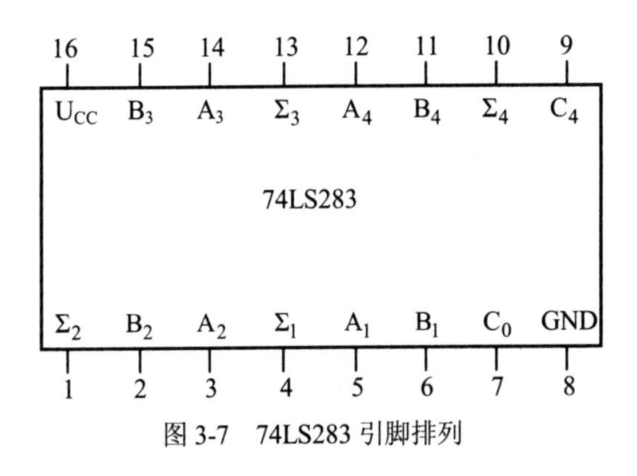

图 3-7　74LS283 引脚排列

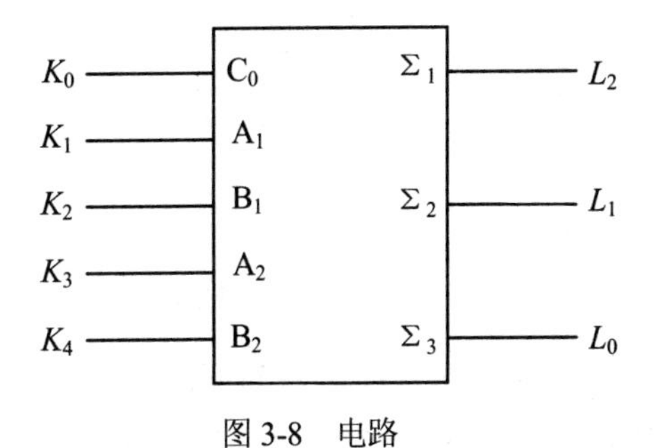

图 3-8　电路

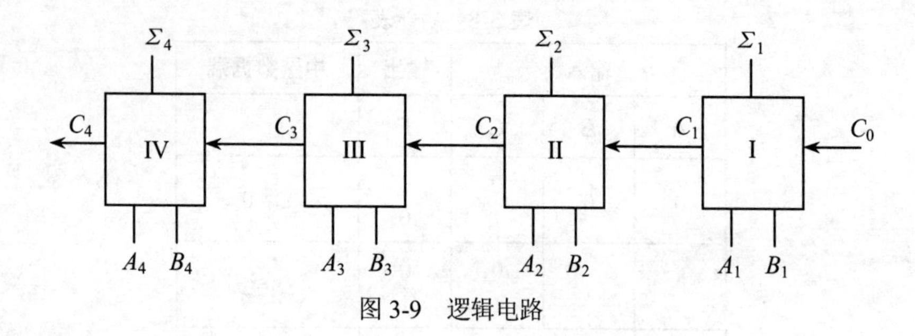

图 3-9 逻辑电路

三、实验设备与器件

（1）+5V 直流电源。

（2）逻辑电平开关。

（3）逻辑电平显示器。

（4）74LS151（或 CC4512）、74LS153（或 CC4539）和 74LS283。

四、实验内容与步骤

（1）测试数据选择器 74LS151 的逻辑功能。

按图 3-10 所示接线，地址端 A_2、A_1、A_0，数据端 D_0～D_7，使能端 $\overline{S}$ 接逻辑开关，输出端 Q 接逻辑电平显示器，按 74LS151 功能表逐项进行测试，记录测试结果。

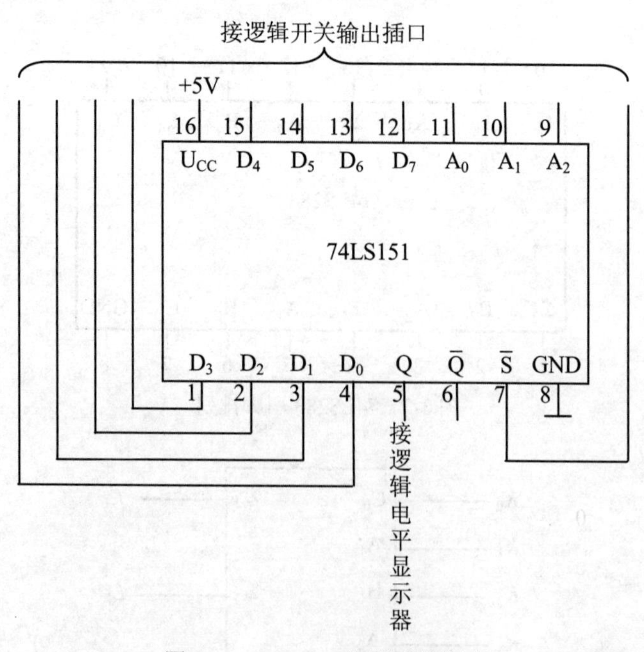

图 3-10 74LS151 逻辑功能测试

（2）74LS153 的逻辑功能测试方法及步骤同上，记录之。

（3）用 8 选 1 数据选择器 74LS151 设计 3 输入多数表决电路。设计步骤如下：

1）写出设计过程。

2）画出接线图。

3）验证逻辑功能。

（4）用 8 选 1 数据选择器实现逻辑函数。设计步骤如下：

1）写出设计过程。

2）画出接线图。

3）验证逻辑功能。

（5）用双 4 选 1 数据选择器 74LS153 实现全加器。设计步骤如下：

1）写出设计过程。

2）画出接线图。

3）验证逻辑功能。

（6）用 74LS283 实现两位二进制全加法器。按图 3-8 所示接好电路，验证表 3-7 和表 3-8 所示的内容。

表 3-7　74LS283 加法器 $C_0=0$ 时功能表

输入				实测输出			理论输出		
A_1	B_1	A_2	B_2	Σ_1	Σ_2	Σ_3	Σ_1	Σ_2	Σ_3
0	0	0	0				0	0	0
1	0	0	0				1	0	0
0	1	0	0				1	0	0
1	1	0	0				0	1	0
0	0	1	0				0	1	0
1	0	1	0				1	1	0
0	1	1	0				1	1	0
1	1	1	0				0	0	1
0	0	0	1				0	1	0
1	0	0	1				1	1	0
0	1	0	1				1	1	0
1	1	0	1				0	0	1
0	0	1	1				0	0	1
1	0	1	1				1	0	1
0	1	1	1				1	0	1
1	1	1	1				0	1	1

表 3-8 74LS283 加法器 C_0 =1 时功能表

输入				实测输出			理论输出		
A_1	B_1	A_2	B_2	Σ_1	Σ_2	Σ_3	Σ_1	Σ_2	Σ_3
0	0	0	0				1	0	0
1	0	0	0				0	1	0
0	1	0	0				0	1	0
1	1	0	0				1	1	0
0	0	1	0				1	1	0
1	0	1	0				0	0	1
0	1	1	0				0	0	1
1	1	1	0				1	0	1
0	0	0	1				1	1	0
1	0	0	1				0	0	1
0	1	0	1				0	0	1
1	1	0	1				1	0	1
0	0	1	1				1	0	1
1	0	1	1				0	1	1
0	1	1	1				0	1	1
1	1	1	1				1	1	1

五、预习内容

（1）复习数据选择器的工作原理。

（2）用数据选择器对实验内容中各函数式进行预设计。

六、注意事项

（1）接插集成块时，要认清定位标记，不得插反。

（2）电源电压使用范围为 4.5～5.5V，实验中要求使用 U_{CC}=+5V。电源极性绝对不允许接错。

（3）输出端不允许并联使用（集电极开路门 OC 和三态输出门电路 3S 除外）；否则不仅会使电路逻辑功能混乱，还会导致器件损坏。

（4）输出端不允许直接接地或直接接+5V 电源；否则将损坏器件。有时为了使后级电路获得较高的输出电平，允许输出端通过电阻 R 接至 U_{CC}，一般取 R=3～5.1kΩ。

七、思考题

（1）如何将 74LS153 扩展为 8 选 1 数据选择器？

（2）试用半片 74LS153 设计 1 个 1010～1111 代码检测电路，并用实验验证。

（3）试用 74LS283 和 74LS86 实现二进制数相减。

八、实验报告

用数据选择器对实验内容进行设计、写出设计全过程、画出接线图、进行逻辑功能测试；总结实验收获、体会。

实验四　译码器及其应用

一、实验目的

（1）掌握中规模集成译码器的逻辑功能和使用方法。
（2）熟悉数码管的使用。

二、实验原理

译码器是一个多输入、多输出的组合逻辑电路。它的作用是把给定的代码进行“翻译”，变成相应的状态，使输出通道中相应的一路有信号输出。译码器在数字系统中有广泛的用途，不仅用于代码的转换、终端的数字显示，还用于数据分配、存储器寻址和组合控制信号等。不同的功能可选用不同种类的译码器。

译码器可分为通用译码器和显示译码器两大类。前者又分为变量译码器和数码变换译码器。

1. 变量译码器（又称二进制译码器）

用以表示输入变量的状态，如 2 线-4 线、3 线-8 线和 4 线-16 线译码器。若有 n 个输入变量，则有 2^n 个不同的组合状态，就有 2^n 个输出端供其使用。而每一个输出所代表的函数对应于 n 个输入变量的最小项。

以 3 线-8 线译码器 74LS138 为例进行分析，图 4-1（a）、（b）分别为其逻辑电路及引脚排列。其中 A_2、A_1、A_0 为地址输入端，$\overline{Y}_0$ ～ $\overline{Y}_7$ 为译码输出端，S_1、$\overline{S}_2$、$\overline{S}_3$ 为使能端。

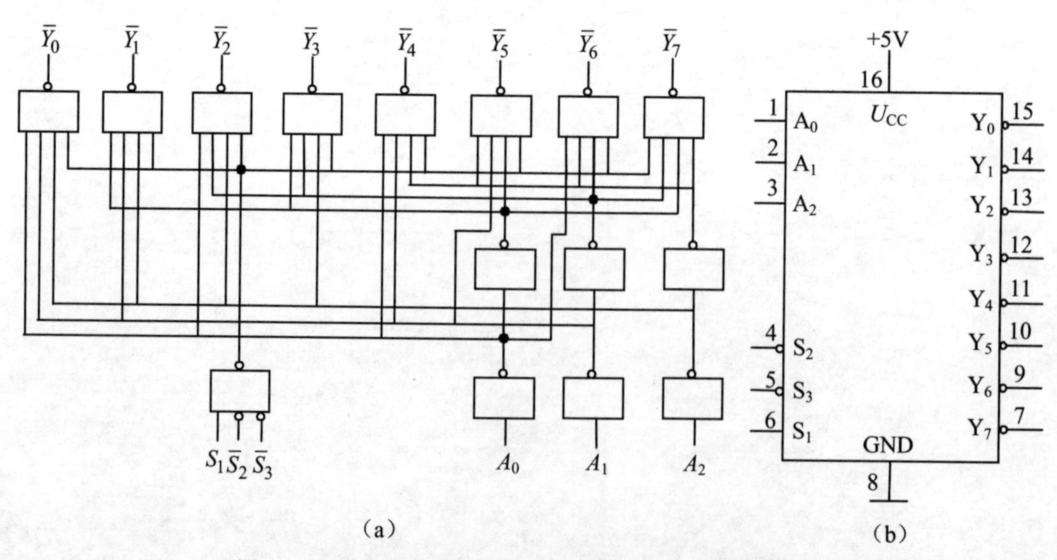

图 4-1　3 线-8 线译码器 74LS138 逻辑电路及引脚排列

表 4-1 所示为 74LS138 功能表。

表 4-1　74LS138 功能表

输入					输出							
S_1	$\bar{S}_2+\bar{S}_3$	A_2	A_1	A_0	$\bar{Y}_0$	$\bar{Y}_1$	$\bar{Y}_2$	$\bar{Y}_3$	$\bar{Y}_4$	$\bar{Y}_5$	$\bar{Y}_6$	$\bar{Y}_7$
1	0	0	0	0	0	1	1	1	1	1	1	1
1	0	0	0	1	1	0	1	1	1	1	1	1
1	0	0	1	0	1	1	0	1	1	1	1	1
1	0	0	1	1	1	1	1	0	1	1	1	1
1	0	1	0	0	1	1	1	1	0	1	1	1
1	0	1	0	1	1	1	1	1	1	0	1	1
1	0	1	1	0	1	1	1	1	1	1	0	1
1	0	1	1	1	1	1	1	1	1	1	1	0
0	×	×	×	×	1	1	1	1	1	1	1	1
×	1	×	×	×	1	1	1	1	1	1	1	1

当$S_1=1$，$\bar{S}_2+\bar{S}_3=0$时，器件使能，地址码所指定的输出端有信号（为 0）输出，其他所有输出端均无信号（全为 1）输出。当$S_1=0$，$\bar{S}_2+\bar{S}_3=\times$时，或$S_1=\times$，$\bar{S}_2+\bar{S}_3=1$时，译码器被禁止，所有输出同时为 1。

二进制译码器实际上也是负脉冲输出的脉冲分配器。若利用使能端中的一个输入端输入数据信息，器件就成为一个数据分配器（又称多路分配器），如图 4-2 所示。若在S_1输入端输入数据信息，$\bar{S}_2=\bar{S}_3=0$，地址码所对应的输出是S_1数据信息的反码；若从$\bar{S}_2$端输入数据信息，令$S_1=1$、$\bar{S}_3=0$，地址码所对应的输出就是$\bar{S}_2$端数据信息的原码。若数据信息是时钟脉冲，则数据分配器便成为时钟脉冲分配器。

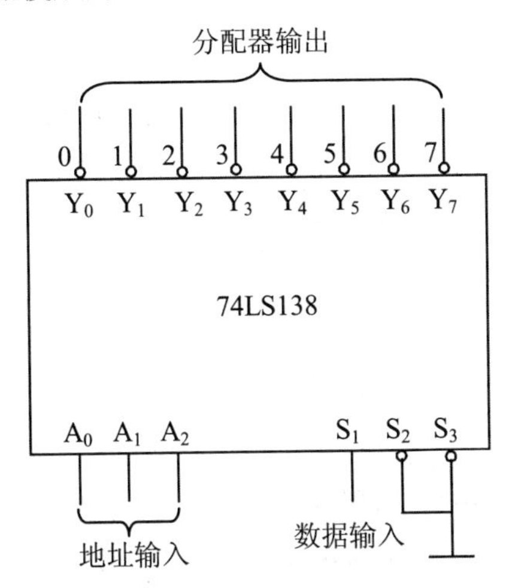

图 4-2　数据分配器

根据输入地址的不同组合可译出唯一地址，故可用作地址译码器。接成多路分配器，可将一个信号源的数据信息传输到不同的地点。

二进制译码器还能方便地实现逻辑函数，如图 4-3 所示，实现的逻辑函数是

$$Z=\overline{A}\,\overline{B}\,\overline{C}+\overline{A}B\overline{C}+A\overline{B}\,\overline{C}+ABC$$

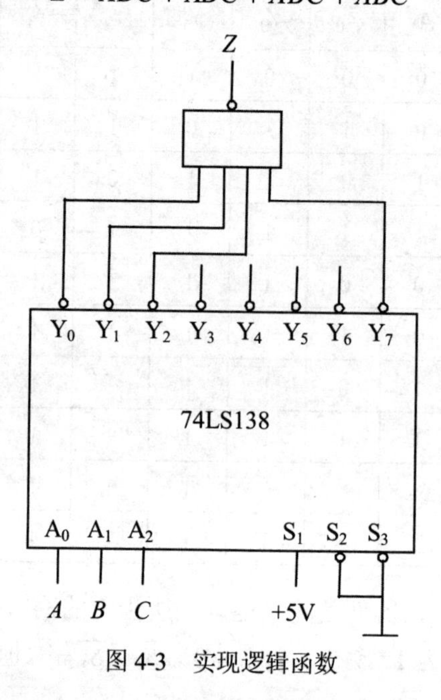

图 4-3 实现逻辑函数

利用使能端能方便地将两个 3-8 译码器组合成一个 4-16 译码器，如图 4-4 所示。

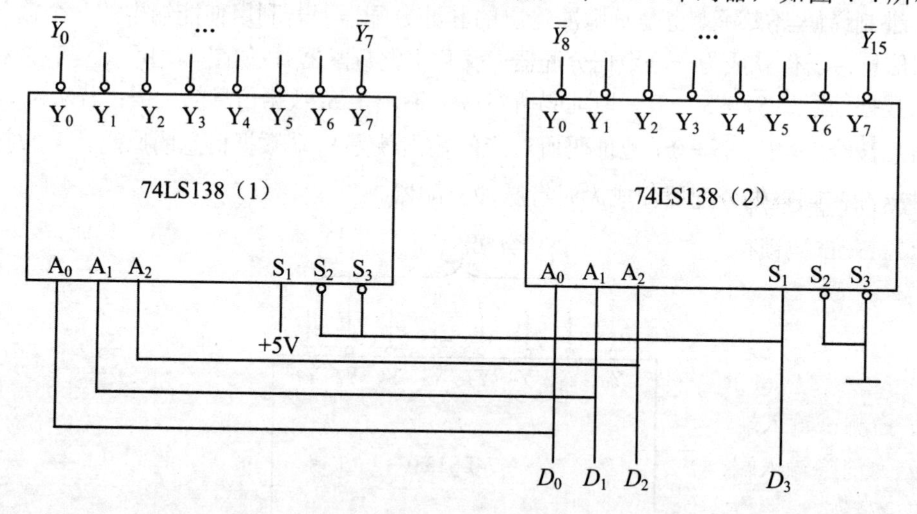

图 4-4 用两片 74LS138 组合成 4-16 译码器

2. 数码显示译码器

（1）七段发光二极管（LED）数码管。

LED 数码管是目前最常用的数字显示器，图 4-5（a）、（b）所示为共阴管和共阳管的电路，图 4-5（c）所示为两种不同出线形式的引出脚功能。

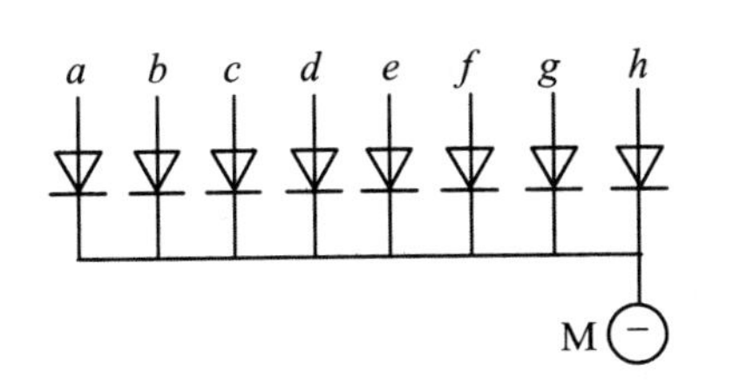

（a）共阴连接（“1”电平驱动）

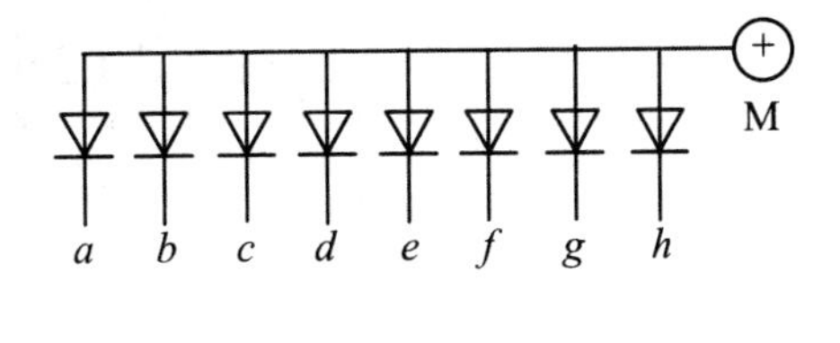

（b）共阳连接（“0”电平驱动）

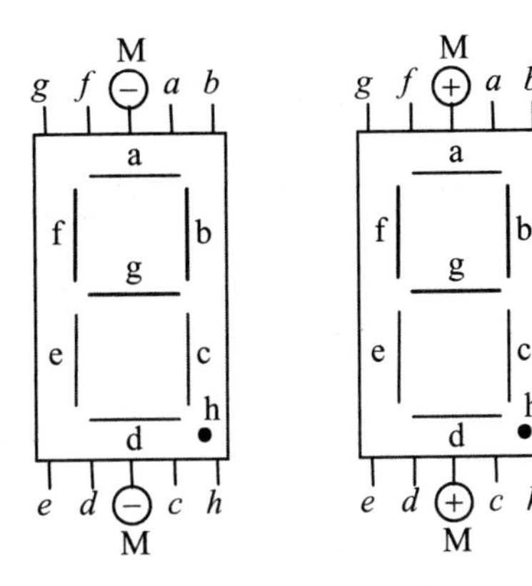

（c）符号及引脚功能

图 4-5　LED 数码管

一个 LED 数码管可用来显示一位 0～9 十进制数和一个小数点。小型数码管（0.5 寸和 0.36 寸）每段发光二极管的正向压降，随显示光（通常为红、绿、黄、橙色）的颜色不同略有差别，通常为 2～2.5V，每个发光二极管的点亮电流在 5～10mA 范围。LED 数码管要显示 BCD 码所表示的十进制数字就需要有一个专门的译码器，该译码器不但要完成译码功能，还要有相当强的驱动能力。

（2）BCD 码七段译码驱动器。

此类译码器型号有 74LS47（共阳）、74LS48（共阴）及 CC4511（共阴）等，本实验是采用 CC4511 BCD 码锁存/七段译码/驱动器，并驱动共阴极 LED 数码管。

图 4-6 所示为 CC4511 引脚排列，其中：

A、*B*、*C*、*D* 为 BCD 码输入端；

a、*b*、*c*、*d*、*e*、*f*、*g* 为译码输出端，输出“1”有效，用来驱动共阴极 LED 数码管；

$\overline{LT}$ 为测试输入端，$\overline{LT}$ = “0”时，译码输出全为“1”；

$\overline{BT}$ 为消隐输入端，$\overline{BT}$ = “0”时，译码输出全为“0”；

LE 为锁定端，*LE*=“1”时，译码器处于锁定（保持）状态，译码输出保持在 *LE*=0 时的数值，*LE*=0 为正常译码。

表 4-2 所示为 CC4511 功能表。CC4511 内接有上拉电阻，故只需在输出端与数码管笔段之间串入限流电阻即可工作。译码器还有拒伪码功能，当输入码超过 1001 时，输出全为“0”，数码管熄灭。

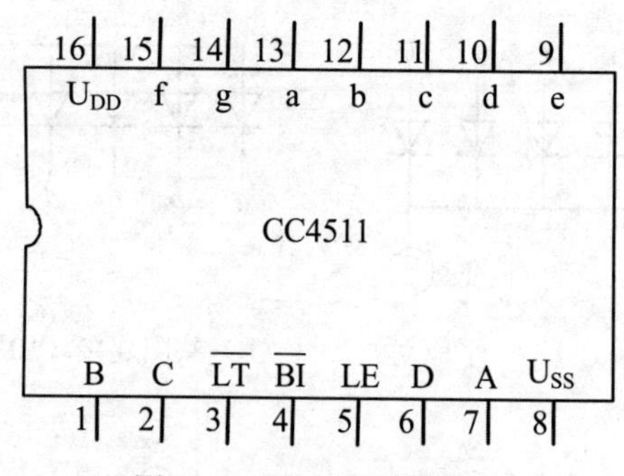

图 4-6 CC4511 引脚排列

表 4-2 CC4511 功能表

输入							输出							
LE	$\overline{BI}$	$\overline{LT}$	*D*	*C*	*B*	*A*	*a*	*b*	*c*	*d*	*e*	*f*	*g*	显示字形
×	×	0	×	×	×	×	1	1	1	1	1	1	1	8
×	0	1	×	×	×	×	0	0	0	0	0	0	0	消隐
0	1	1	0	0	0	0	1	1	1	1	1	1	0	0
0	1	1	0	0	0	1	0	1	1	0	0	0	0	1
0	1	1	0	0	1	0	1	1	0	1	1	0	1	2
0	1	1	0	0	1	1	1	1	1	1	0	0	1	3
0	1	1	0	1	0	0	0	1	1	0	0	1	1	4
0	1	1	0	1	0	1	1	0	1	1	0	1	1	5
0	1	1	0	1	1	0	0	0	1	1	1	1	1	6
0	1	1	0	1	1	1	1	1	1	0	0	0	0	7
0	1	1	1	0	0	0	1	1	1	1	1	1	1	8
0	1	1	1	0	0	1	1	1	1	0	0	1	1	9
0	1	1	1	0	1	0	0	0	0	0	0	0	0	消隐
0	1	1	1	0	1	1	0	0	0	0	0	0	0	消隐
0	1	1	1	1	0	0	0	0	0	0	0	0	0	消隐
0	1	1	1	1	0	1	0	0	0	0	0	0	0	消隐
0	1	1	1	1	1	0	0	0	0	0	0	0	0	消隐
0	1	1	1	1	1	1	0	0	0	0	0	0	0	消隐
1	1	1	×	×	×	×	锁存							锁存

在本数字电路实验装置上已完成了译码器 CC4511 和数码管 BS202 之间的连接。实验时，只要接通+5V 电源和将十进制数的 BCD 码接至译码器的相应输入端 *A*、*B*、*C*、*D*，即

可显示 0～9 的数字。4 位数码管可接受 4 组 BCD 码输入。CC4511 与 LED 数码管的连接如图 4-7 所示。

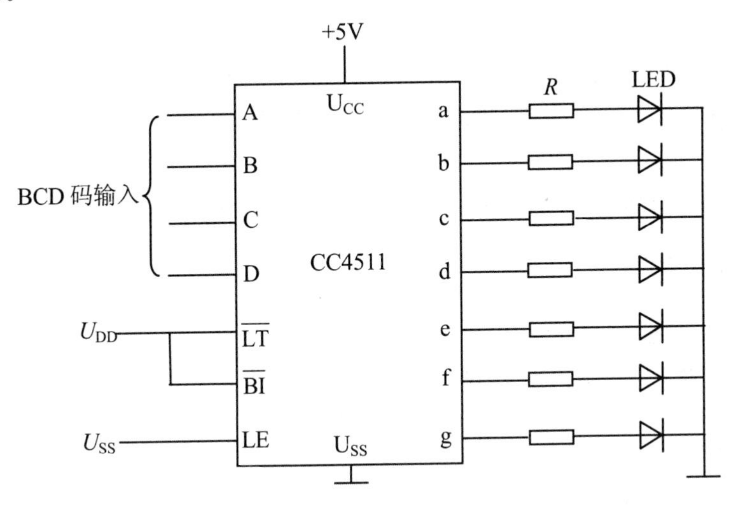

图 4-7　CC4511 驱动一位 LED 数码管

三、实验设备与器件

（1）+5V 直流电源。
（2）双踪示波器。
（3）连续脉冲源。
（4）逻辑电平开关。
（5）逻辑电平显示器。
（6）拨码开关组。
（7）译码显示器。
（8）74LS138×2，CC4511。

四、实验内容与步骤

1. 数据拨码开关的使用

将实验装置上的 4 组拨码开关的输出 A_i、B_i、C_i、D_i 分别接至 4 组显示译码/驱动器 CC4511 的对应输入口，LE、$\overline{BI}$、$\overline{LT}$ 接至 3 个逻辑开关的输出插口，接上+5V 显示器的电源，然后按功能表 4-2 所示输入的要求拨动 4 个数码的增减键（“+”与“−”键）和操作与 LE、$\overline{BI}$、$\overline{LT}$ 对应的 3 个逻辑开关，观测拨码盘上的 4 位数与 LED 数码管显示的对应数字是否一致及译码显示是否正常。

2. 74LS138 译码器逻辑功能测试

将译码器使能端 S_1、$\overline{S}_2$、$\overline{S}_3$ 及地址端 A_2、A_1、A_0 分别接至逻辑电平开关输出口，8 个输出端 $\overline{Y}_7$、…、$\overline{Y}_0$ 依次连接在逻辑电平显示器的 8 个输入口上，拨动逻辑电平开关，按表 4-1 所示逐项测试 74LS138 的逻辑功能。

3. 用 74LS138 构成时序脉冲分配器

参照图 4-2 所示和实验原理说明，时钟脉冲 CP 频率约为 10kHz，要求分配器输出端 $\overline{Y}_0$、…、$\overline{Y}_7$ 的信号与 CP 输入信号同相。

画出分配器的实验电路，用示波器观察和记录在地址端 A_2、A_1、A_0 分别取 000～111 共 8 种不同状态时 $\overline{Y}_0$、…、$\overline{Y}_7$ 端的输出波形，注意输出波形与 CP 输入波形之间的相位关系。

4. 用两片 74LS138 组合成一个 4 线-16 线译码器并进行实验

五、实验预习要求

（1）复习有关译码器和分配器的原理。

（2）根据实验任务，画出所需的实验线路及记录表格。

六、注意事项

（1）接插集成块时，要认清定位标记，不得插反。

（2）电源电压使用范围为 4.5～5.5V，实验中要求使用 U_{CC}=+5V。电源极性绝对不允许接错。

（3）输出端不允许并联使用（集电极开路门 OC 和三态输出门电路 3S 除外）；否则不仅会使电路逻辑功能混乱，并会导致器件损坏。

（4）输出端不允许直接接地或直接接+5V 电源；否则将损坏器件。有时为了使后级电路获得较高的输出电平，允许输出端通过电阻 R 接至 U_{CC}，一般取 R=3～5.1kΩ。

七、思考题

（1）为什么 74LS138 既可以用做 3 线-8 线译码器，又可以用做 1 线-8 线数据分配器？用数据选择器和译码器设计一个 16 路的数据传输系统，画出逻辑图。

（2）有哪些常用数码显示器件？分述其中发光二极管和液晶显示原理。

八、实验报告

（1）画出实验线路，把观察到的波形画在坐标纸上，并标上对应的地址码。

（2）对实验结果进行分析、讨论。

实验五　触发器及其应用

一、实验目的

（1）掌握基本 RS、JK、D 和 T 触发器的逻辑功能。

（2）掌握集成触发器的逻辑功能及使用方法。

（3）熟悉触发器之间相互转换的方法。

二、实验原理

触发器具有两个稳定状态，用以表示逻辑状态“1”和“0”，在一定的外界信号作用下，可以从一个稳定状态翻转到另一个稳定状态，它是一个具有记忆功能的二进制信息存储器件，是构成各种时序电路的最基本逻辑单元。

1. 基本 RS 触发器

图 5-1 所示为由两个与非门交叉耦合构成的基本 RS 触发器，它是无时钟控制低电平直接触发的触发器。基本 RS 触发器具有置“0”、置“1”和“保持”这 3 种功能。通常称 $\overline{S}$ 为置“1”端，因为 $\overline{S}=0$（$\overline{R}=1$）时触发器被置“1”；$\overline{R}$ 为置“0”端，因为 $\overline{R}=0$（$\overline{S}=1$）时触发器被置“0”，当 $\overline{S}=\overline{R}=1$ 时状态保持；$\overline{S}=\overline{R}=0$ 时，触发器状态不定，应避免此种情况发生，表 5-1 所示为基本 RS 触发器的功能表。

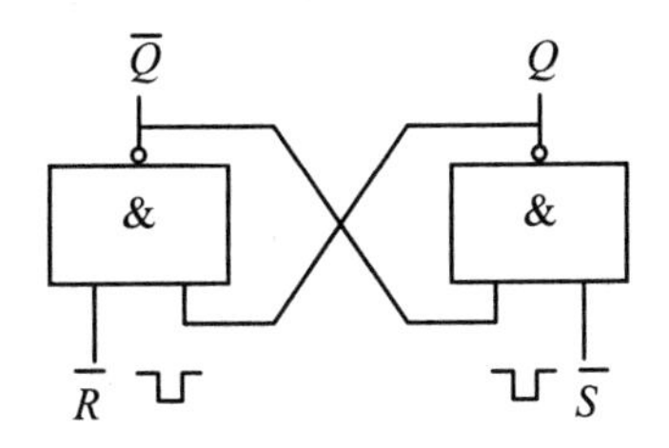

图 5-1　基本 RS 触发器

表 5-1　基本 RS 触发器功能表

输入		输出	
$\overline{S}$	$\overline{R}$	Q^{n+1}	$\overline{Q}^{n+1}$
0	1	1	0
1	0	0	1
1	1	Q^n	$\overline{Q}^n$
0	0	Φ	Φ

注：Φ 为不定态。

基本 RS 触发器也可以用两个或非门组成，此时为高电平触发有效。

2. JK 触发器

在输入信号为双端的情况下，JK 触发器是功能完善、使用灵活和通用性较强的一种触发器。本实验采用 74LS112 双 JK 触发器，是下降边沿触发的边沿触发器。引脚功能及逻辑符号如图 5-2 所示。

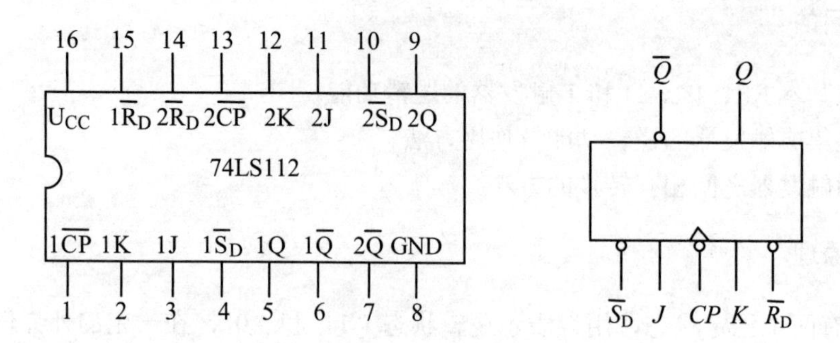

图 5-2 74LS112 双 JK 触发器引脚排列及逻辑符号

JK 触发器的状态方程为

$$Q^{n+1} = J\overline{Q}^n + \overline{K}Q^n$$

J 和 K 是数据输入端，是触发器状态更新的依据，若 J、K 有两个或两个以上输入端时，组成“与”的关系。Q 与 $\overline{Q}$ 为两个互补输出端。通常把 Q=0、$\overline{Q}$=1 的状态定为触发器“0”状态；而把 Q=1，$\overline{Q}$=0 定为“1”状态。

下降沿触发 JK 触发器的功能如表 5-2 所示。

表 5-2 下降沿触发 JK 触发器功能表

输入					输出	
$\overline{S}_D$	$\overline{R}_D$	$\overline{CP}$	J	K	Q^{n+1}	$\overline{Q}^{n+1}$
0	1	×	×	×	1	0
1	0	×	×	×	0	1
0	0	×	×	×	ϕ	ϕ
1	1	↓	0	0	Q^n	$\overline{Q}^n$
1	1	↓	1	0	1	0
1	1	↓	0	1	0	1
1	1	↓	1	1	$\overline{Q}^n$	Q^n
1	1	↑	×	×	Q^n	$\overline{Q}^n$

注：×— 任意态；↓— 高到低电平跳变；↑— 低到高电平跳变；
Q^n（$\overline{Q}^n$）— 现态；Q^{n+1}（$\overline{Q}^{n+1}$）— 次态；ϕ— 不定态。

JK 触发器常被用做缓冲存储器、移位寄存器和计数器。

3. D 触发器

在输入信号为单端的情况下，D 触发器用起来最为方便，其状态方程为 $Q^{n+1}=D^n$，其输出状态的更新发生在 CP 脉冲的上升沿，故又称为上升沿触发的边沿触发器，触发器的状态只取决于时钟到来前 D 端的状态。D 触发器的应用很广，可用做数字信号的寄存、移位寄存、分频和波形发生等。有很多种型号可供各种用途的需要而选用。如双 D 74LS74、四 D 74LS175、六 D 74LS174 等。

图 5-3 所示为双 D 74LS74 的引脚排列及逻辑符号，其功能如表 5-3 所示。

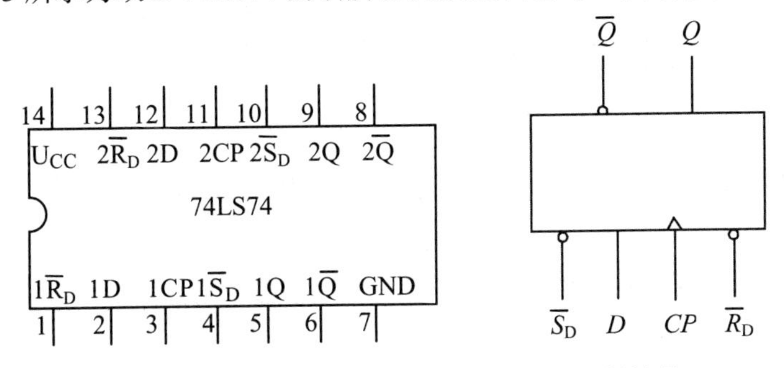

图 5-3　74LS74 引脚排列及逻辑符号

表 5-3　双 D 74LS74 功能表

输入				输出	
$\bar{S}_D$	$\bar{R}_D$	CP	D	Q^{n+1}	$\bar{Q}^{n+1}$
0	1	×	×	1	0
1	0	×	×	0	1
0	0	×	×	φ	φ
1	1	↑	1	1	0
1	1	↑	0	0	1
1	1	↓	×	Q^n	$\bar{Q}^n$

4. 触发器之间的相互转换

在集成触发器的产品中，每一种触发器都有自己固定的逻辑功能。但可以利用转换的方法获得具有其他功能的触发器。例如，将 JK 触发器的 J、K 两端连在一起，并认它为 T 端，就可以得到所需的 T 触发器。如图 5-4（a）所示，其状态方程为：$Q^{n+1}=T\bar{Q}^n+\bar{T}Q^n$。

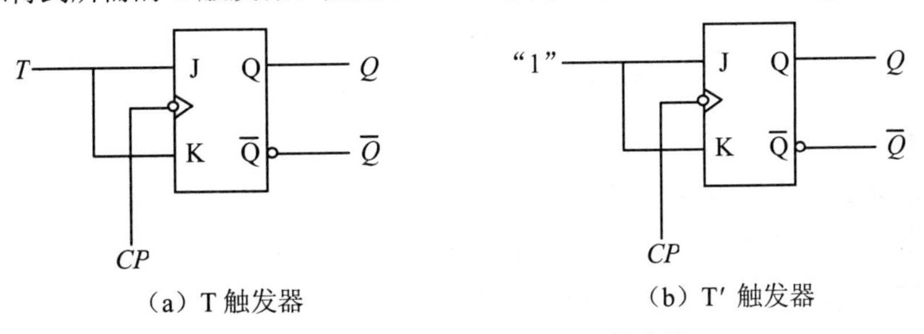

（a）T 触发器　（b）T′ 触发器

图 5-4　JK 触发器转换为 T、T′ 触发器

T 触发器的功能如表 5-4 所示。

表 5-4 T 触发器功能表

输入				输出
$\bar{S}_D$	$\bar{R}_D$	$\overline{CP}$	T	Q^{n+1}
0	1	×	×	1
1	0	×	×	0
1	1	↓	0	Q^n
1	1	↓	1	$\bar{Q}^n$

由功能表可见，当 T=0 时，时钟脉冲作用后，其状态保持不变；当 T=1 时，时钟脉冲作用后触发器状态翻转。所以，若将 T 触发器的 T 端置“1”，如图 5-4（b）所示，即得 T′ 触发器。在 T′ 触发器的 CP 端每来一个 CP 脉冲信号，触发器的状态就翻转一次，故称之为翻转触发器，它能广泛用于计数电路中。

同样，若将 D 触发器 $\bar{Q}$ 端与 D 端相连，便转换成 T′ 触发器，如图 5-5 所示。

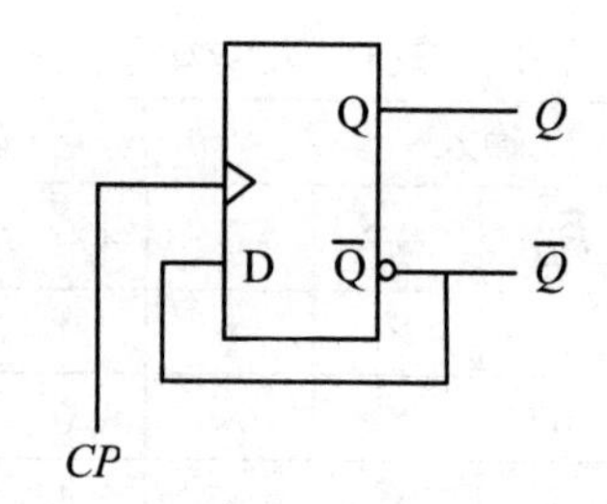

图 5-5 D 触发器转成 T′ 解发器

JK 触发器也可转换为 D 触发器，如图 5-6 所示。

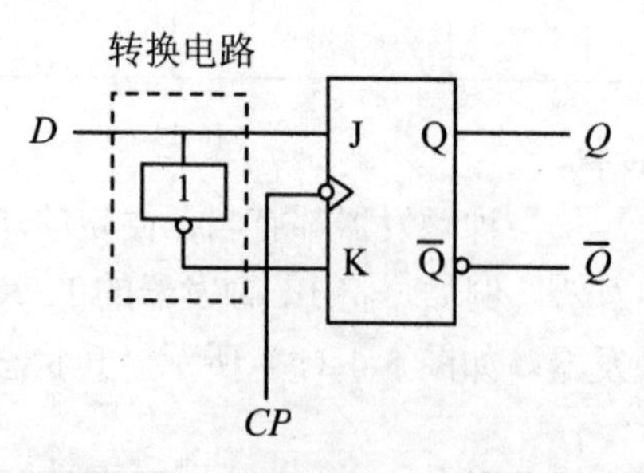

图 5-6 JK 触发器转成 D 触发器

5. CMOS 触发器

（1）CMOS 边沿型 D 触发器。

CC4013 是由 CMOS 传输门构成的边沿型 D 触发器，它是上升沿触发的双 D 触发器，表 5-5 所示为其功能表，图 5-7 所示为引脚排列。

表 5-5　CC4013 功能表

输入				输出
S	R	CP	D	Q^{n+1}
1	0	×	×	1
0	1	×	×	0
1	1	×	×	ϕ
0	0	↑	1	1
0	0	↑	0	0
0	0	↓	×	Q^n

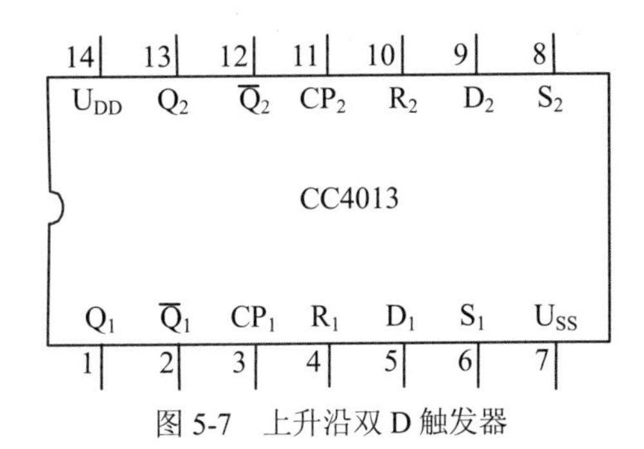

图 5-7　上升沿双 D 触发器

（2）CMOS 边沿型 JK 触发器。

CC4027 是由 CMOS 传输门构成的边沿型 JK 触发器，它是上升沿触发的双 JK 触发器，表 5-6 所示为其功能表，图 5-8 所示为引脚排列。

表 5-6　CC4027 功能表

输入					输出
S	R	CP	J	K	Q^{n+1}
1	0	×	×	×	1
0	1	×	×	×	0
1	1	×	×	×	ϕ
0	0	↑	0	0	Q^n
0	0	↑	1	0	1
0	0	↑	0	1	0
0	0	↑	1	1	$\bar{Q}^n$
0	0	↓	×	×	Q^n

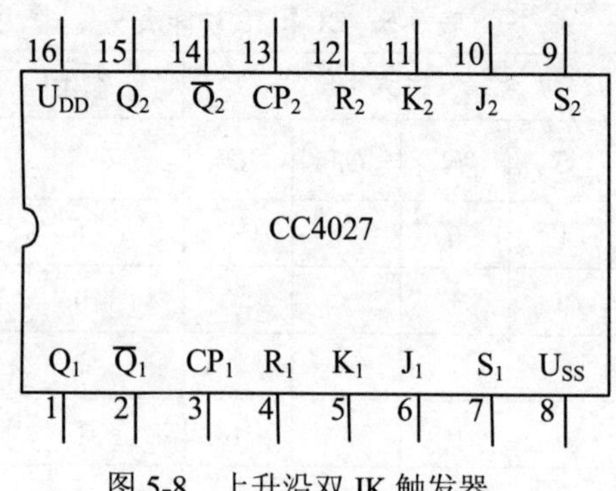

图 5-8 上升沿双 JK 触发器

CMOS 触发器的直接置位、复位输入端 S 和 R 是高电平有效，当 S=1（或 R=1）时，触发器将不受其他输入端所处状态的影响，使触发器直接置 1（或置 0）。但直接置位、复位输入端 S 和 R 必须遵守 RS=0 的约束条件。CMOS 触发器在按逻辑功能工作时，S 和 R 必须均置 0。

三、实验设备与器件

（1）+5V 直流电源。
（2）双踪示波器。
（3）连续脉冲源。
（4）单次脉冲源。
（5）逻辑电平开关。
（6）逻辑电平显示器。
（7）74LS112（或 CC4027）、74LS00（或 CC4011）和 74LS74（或 CC4013）。

四、实验内容与步骤

1. 测试基本 RS 触发器的逻辑功能

按图 5-1 所示接线，用两个与非门组成基本 RS 触发器，输入端 $\bar{R}$ 、$\bar{S}$ 接逻辑开关的输出插口，输出端 Q、$\bar{\text{Q}}$ 接逻辑电平显示输入插口，按表 5-7 所示要求测试，并记录之。

表 5-7 按要求测试记录表

$\bar{R}$	$\bar{S}$	Q	$\bar{Q}$
0	1		
1	0		
1	1		
0	0		

2. 测试双 JK 触发器 74LS112 逻辑功能

（1）测试 $\bar{R}_\text{D}$ 、$\bar{S}_\text{D}$ 的复位、置位功能。

任取一只 JK 触发器，$\overline{R}_D$、$\overline{S}_D$、J、K 端接逻辑开关输出插口，*CP* 端接单次脉冲源，Q、$\overline{Q}$ 端接至逻辑电平显示输入插口。要求改变 $\overline{R}_D$、$\overline{S}_D$（*J*、*K*、*CP* 处于任意状态），并在 $\overline{R}_D$=0（$\overline{S}_D$=1）或 $\overline{S}_D$=0（$\overline{R}_D$=1）作用期间任意改变 *J*、*K* 及 *CP* 的状态，观察 *Q*、$\overline{Q}$ 的状态。自拟表格并记录之。

（2）测试 JK 触发器的逻辑功能。

按表 5-8 所示的要求改变 J、K、CP 端状态，观察 *Q*、$\overline{Q}$ 状态变化，观察触发器状态更新是否发生在 *CP* 脉冲的下降沿（即 *CP* 由 1→0），记录之。

表 5-8　按要求测试记录表

J	*K*	*CP*	Q^{n+1}	
			$Q^n=0$	$Q^n=1$
0	0	↑		
		↓		
0	1	↑		
		↓		
1	0	↑		
		↓		
1	1	↑		
		↓		

（3）将 JK 触发器的 J、K 端连在一起，构成 T 触发器。

在 CP 端输入 1Hz 连续脉冲，观察 *Q* 端的变化。在 CP 端输入 1kHz 连续脉冲，用双踪示波器观察 CP、Q、$\overline{Q}$ 端输出波形，注意相位关系，描绘之。

3. 测试双 D 触发器 74LS74 的逻辑功能

（1）测试 $\overline{R}_D$、$\overline{S}_D$ 的复位、置位功能。

测试方法同实验内容 2 中的（1），自拟表格记录。

（2）测试 D 触发器的逻辑功能。

按表 5-9 所示要求进行测试，并观察触发器状态更新是否发生在 *CP* 脉冲的上升沿（即由 0→1），记录之。

表 5-9　按要求测试记录表

D	*CP*	Q^{n+1}	
		$Q^n=0$	$Q^n=1$
0	↑		
	↓		
1	↑		
	↓		

（3）将 D 触发器的 $\overline{Q}$ 端与 D 端相连接，构成 T′ 触发器。

测试方法同实验内容 2 中的（3），记录之。

4. 双相时钟脉冲电路

用 JK 触发器及与非门构成的双相时钟脉冲电路如图 5-9 所示，此电路是用来将时钟脉冲 CP 转换成两相时钟脉冲 CP_A 及 CP_B，其频率相同、相位不同。分析电路工作原理，并按图 5-9 所示接线，用双踪示波器同时观察 CP、CP_A；CP、CP_B 及 CP_A、CP_B 的波形，并描绘之。

5. 乒乓球练习电路

电路功能要求：模拟两名动运员在练球时，乒乓球能往返运动。

提示：采用双 D 触发器 74LS74 设计实验线路，两个 CP 端触发脉冲分别由两名运动员操作，两触发器的输出状态用逻辑电平显示器显示。

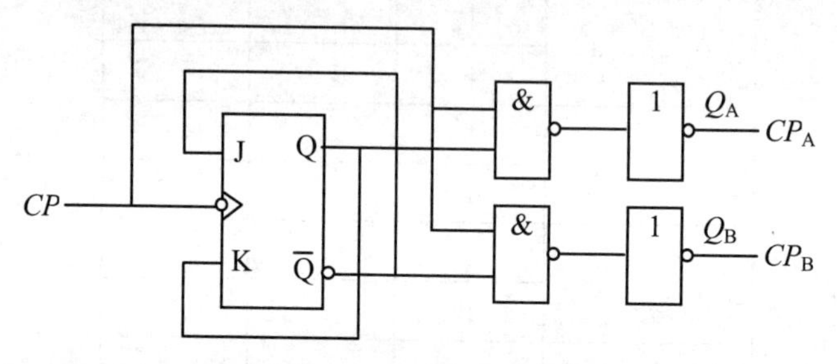

图 5-9 双相时钟脉冲电路

五、实验预习要求

（1）复习有关触发器内容。

（2）列出各触发器功能测试表格。

（3）按实验内容 4、5 的要求设计线路，拟定实验方案。

六、注意事项

（1）接插集成块时，要认清定位标记，不得插反。

（2）电源电压使用范围为 4.5～5.5V，实验中要求使用 U_{CC}=+5V。电源极性绝对不允许接错。

（3）输出端不允许并联使用（集电极开路门 OC 和三态输出门电路 3S 除外）；否则不仅会使电路逻辑功能混乱，还会导致器件损坏。

（4）输出端不允许直接接地或直接接+5V 电源；否则将损坏器件。有时为了使后级电路获得较高的输出电平，允许输出端通过电阻 R 接至 U_{CC}，一般取 R=3～5.1kΩ。

（5）注意异步置 0 及置 1 端，复位或置位后正常使用时应接高电平。

七、思考题

（1）D 触发器和 JK 触发器的逻辑功能和触发方式有何不同？

（2）各类触发器是否都是当复位端、置位端均为 1 时，才实现其触发器的正常工作？

八、实验报告

（1）列表整理各类触发器的逻辑功能。

（2）总结观察到的波形，说明触发器的触发方式。

（3）体会触发器的应用。

（4）利用普通的机械开关组成的数据开关所产生的信号是否可作为触发器的时钟脉冲信号？为什么？是否可以用作触发器的其他输入端的信号？这又是为什么？

实验六　计数器及其应用

一、实验目的

（1）学习用集成触发器构成计数器的方法。

（2）掌握中规模集成计数器的使用方法及功能测试方法。

（3）运用集成计数器构成 1/N 分频器。

二、实验原理

计数器是一个用以实现计数功能的时序部件，它不仅可用来计脉冲数，还常用做数字系统的定时、分频和执行数字运算以及其他特定的逻辑功能。

计数器种类很多。按构成计数器中的各触发器是否使用一个时钟脉冲源来分，有同步计数器和异步计数器。根据计数制的不同，分为二进制计数器、十进制计数器和任意进制计数器。根据计数的增减趋势，又分为加法计数器、减法计数器和可逆计数器。还有可预置数和可编程序功能计数器等。目前，无论是 TTL 还是 CMOS 集成电路，都有品种较齐全的中规模集成计数器。使用者只要借助于器件手册提供的功能表和工作波形图以及引出端的排列，就能正确地运用这些器件。

1. 用 D 触发器构成异步二进制加/减计数器

图 6-1 是用 4 只 D 触发器构成的 4 位二进制异步加法计数器，它的连接特点是将每只 D 触发器接成 T′ 触发器，再由低位触发器的 $\overline{\text{Q}}$ 端和高一位的 CP 端相连接。

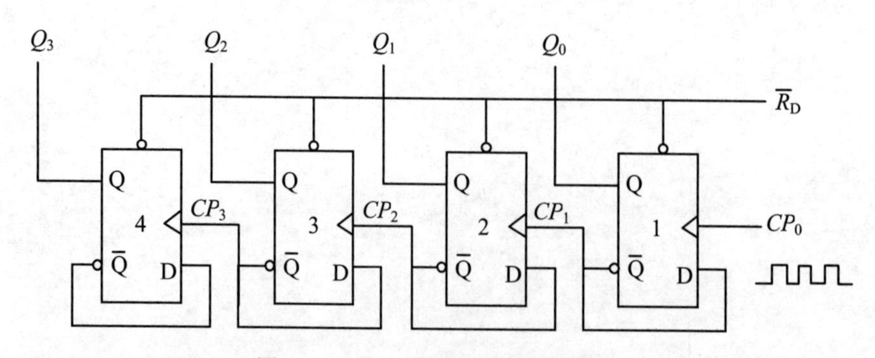

图 6-1　4 位二进制异步加法计数器

若将图 6-1 所示电路稍加改动，即将低位触发器的 Q 端与高一位的 CP 端相连接，即构成了一个 4 位二进制减法计数器。

2. 中规模十进制计数器

74LS90 是 TTL 系列的十进制计数器，其内部由 4 个主从触发器和一些附加门电路组成，以提供一个 2 分频计数器和一个 3 级的二进制计数器。此芯片有门控复零输入端及门控置 9 输入端。为了使用其最大计数长度，须将 Q_0 输出端连到 CP_2 输入端。计数输入脉冲加到输入端 CP_1 上，则输出为 BCD 计数，见功能表 6-1。若把 Q_3 连接到输入端 CP_1 上，输出则为二五混合进制，见表 6-2。这时输入脉冲加在 CP_2 端，在 Q_0 的输出上可以得到一个 10 分频的方波。

表 6-1　BCD 计数时序

输出				
计数	Q_3	Q_2	Q_1	Q_0
0	0	0	0	0
1	0	0	0	1
2	0	0	1	0
3	0	0	1	1
4	0	1	0	0
5	0	1	0	1
6	0	1	1	0
7	0	1	1	1
8	1	0	0	0
9	1	0	0	1

表 6-2　二五混合进制

输出				
计数	Q_0	Q_3	Q_2	Q_1
0	0	0	0	0
1	0	0	0	1
2	0	0	1	0
3	0	0	1	1
4	0	1	0	0
5	1	0	0	0
6	1	0	0	1
7	1	0	1	0
8	1	0	1	1
9	1	1	0	0

74LS90 的引脚排列如图 6-2 所示，其复位/计数功能表见表 6-3。

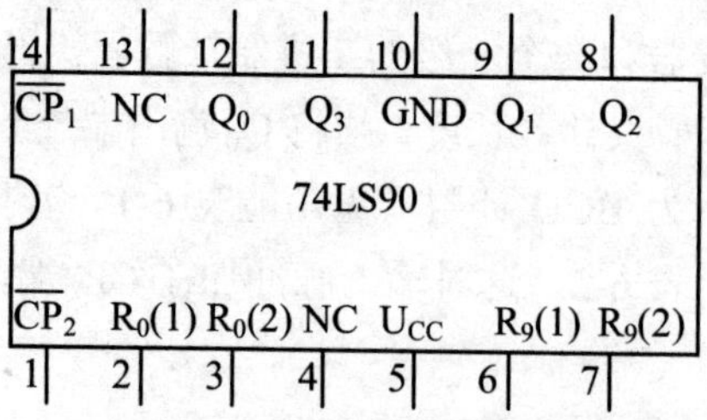

图 6-2 74LS90 引脚排列

表 6-3 74LS90 复位/计数功能表

复位输入端				输出端			
$R_{0(1)}$	$R_{0(2)}$	$S_{9(1)}$	$S_{9(2)}$	Q_3	Q_2	Q_1	Q_0
1	1	0	×	0	0	0	0
1	1	×	0	0	0	0	0
×	×	1	1	1	0	0	1
×	0	×	0	计数			
0	×	×	0	计数			
0	×	0	×	计数			
×	0	0	×	计数			

（1）多个十进制计数器级联使用。

同步计数器往往设有进位（或借位）输出端，故可选用其进位（或借位）输出信号驱动下一级计数器。

图 6-4 是由 74LS90 利用输出 Q_3 控制高一位的 CP 端构成的加计数级联图。图 6-5（a）、（b）是由 CC4510 利用行波进位法和用 $\overline{C_o}$ 控制 $\overline{C_i}$ 的级联图，CC4510 引脚排列如图 6-3 所示，其功能表如表 6-4 所示。

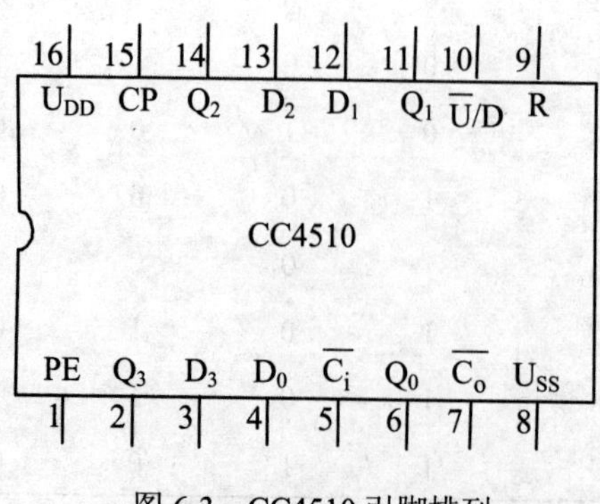

图 6-3 CC4510 引脚排列

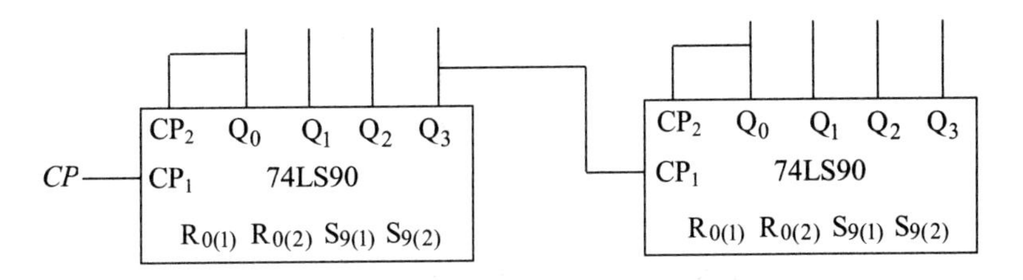

图 6-4　异步计数器级联方案

表 6-4　CC4510 功能表

CP	$\overline{C_i}$	$\overline{U}/D$	PE	R	功能
×	1	×	0	0	不计数
↑	0	1	0	0	加计数
↑	0	0	0	0	减计数
×	×	×	1	0	置数
×	×	×	×	1	复位

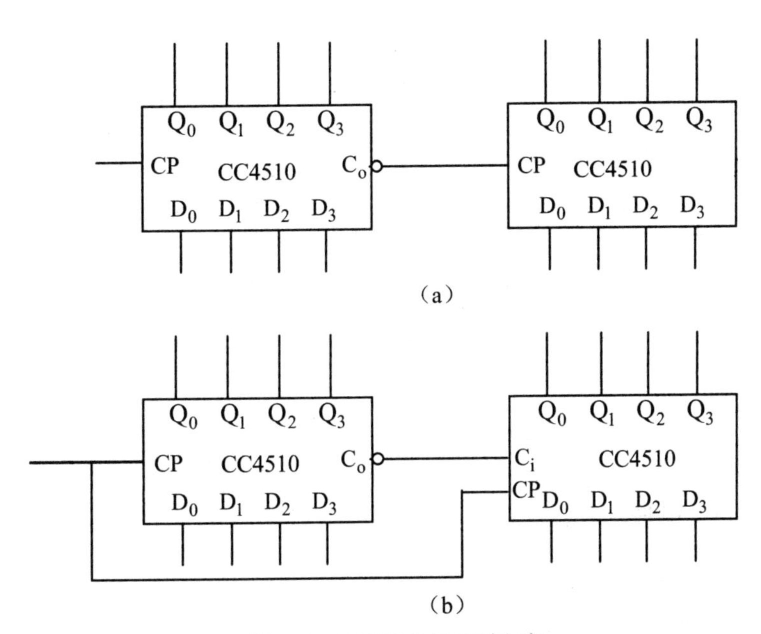

图 6-5　同步计数器级联方案

（2）实现任意进制计数。

1）用复位法获得任意进制计数器。假定已有 N 进制计数器，而需要得到一个 M 进制计数器时，只要 $M<N$，用复位法使计数器计数到 M 时置“0”，即获得 M 进制计数器。图 6-6 所示为一个由 74LS90 十进制计数器接成的六进制计数器。

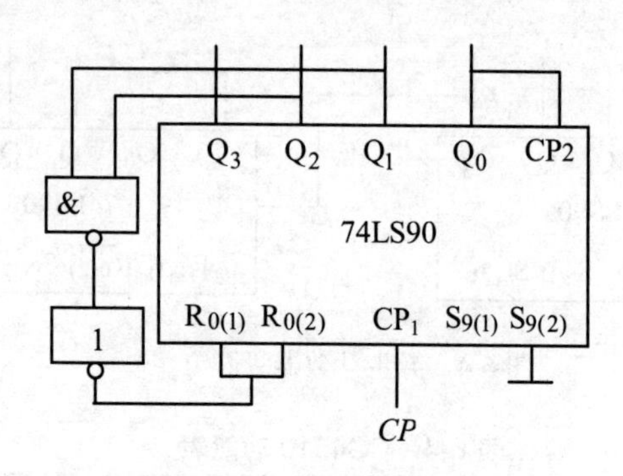

图 6-6 六进制计数器

2）利用预置功能获 M 进制计数器。图 6-7 是一个特殊十二进制的计数器电路方案。在数字钟里，对时位的计数序列是 1,2,…,11,12。1,…,12 是十二进制的，且无 0 数。如图 6-7 所示，当计数到 13 时，通过与非门产生一个复位信号，使 CC4510(2)[时十位]直接置成 0000，而 CC4510(1)，即[时个位]直接置成 0001，从而实现了 1～12 计数。

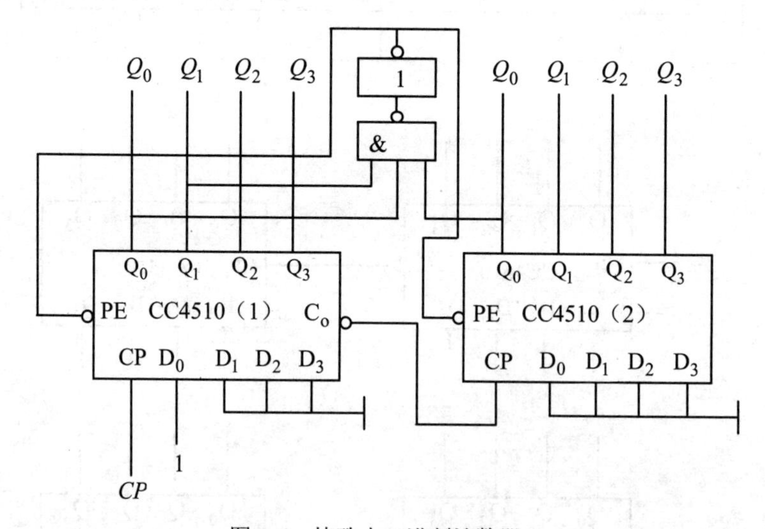

图 6-7 特殊十二进制计数器

三、实验设备与器件

（1）+5V 直流电源。

（2）双踪示波器。

（3）连续脉冲源。

（4）单次脉冲源。

（5）逻辑电平开关。

（6）0-1 指示器。

（7）译码显示器。

（8）74LS74×2、74LS90×2、CC4510×2、74LS00 和 74LS20。

四、实验内容与步骤

（1）用 CC4013 或 74LS74 D 触发器构成 4 位二进制异步加法计数器。

1）按图 6-1 所示接线，$\overline{R}_D$ 接至逻辑开关输出插口，将低位 CP_0 端接单次脉冲源，输出端 Q_3、Q_2、Q_1、Q_0 接逻辑电平显示输入插口，各 $\overline{S}_D$ 接高电平“1”。

2）清零后，逐个送入单次脉冲，观察并列表记录 Q_3～Q_0 的状态。

3）将单次脉冲改为 1Hz 的连续脉冲，观察 Q_3～Q_0 的状态。

4）将 1Hz 的连续脉冲改为 1kHz，用双踪示波器观察 CP、Q_3、Q_2、Q_1、Q_0 端波形，描绘之。

5）将图 6-1 所示电路中的低位触发器的 Q 端与高一位的 CP 端相连接，构成减法计数器，按实验内容 2）、3）、4）进行实验，观察并列表记录 Q_3～Q_0 的状态。

（2）测试 74LS90 十进制计数器的逻辑功能。

（3）用两片 74LS90 组成两位十进制加法计数器，输入 1Hz 连续计数脉冲，进行由 00～99 累加计数，记录之。

（4）选图 6-4、图 6-5（a）、（b）中任一电路进行实验，记录之。

（5）按图 6-6、图 6-7 进行实验。

（6）设计一个数字钟秒位六十进制计数器并进行实验。

五、实验预习要求

（1）复习有关计数器部分内容。

（2）绘出各实验内容的详细线路图。

（3）拟出各实验内容所需的测试记录表格。

（4）查手册，给出并熟悉实验所用各集成块的引脚排列。

六、注意事项

（1）接插集成块时，要认清定位标记，不得插反。

（2）电源电压使用范围为 4.5～5.5V，实验中要求使用 U_{CC}=+5V。电源极性绝对不允许接错。

（3）输出端不允许并联使用（集电极开路门 OC 和三态输出门电路 3S 除外）；否则不仅会使电路逻辑功能混乱，还会导致器件损坏。

（4）输出端不允许直接接地或直接接+5V 电源；否则将损坏器件。有时为了使后级电路获得较高的输出电平，允许输出端通过电阻 R 接至 U_{CC}，一般取 R=3～5.1kΩ。

（5）级联芯片实现多位计数功能时芯片之间的连接关系。

七、思考题

（1）在采用中规模集成计数器构成 N 进制计数器时，常采用哪两种方法？二者有何区别？

（2）如果只用一块 74LS90（不用与非门或与门）如何实现六进制计数器？

八、实验报告

（1）画出实验线路图，记录、整理实验现象及实验所得的有关波形。对实验结果进行分析。

（2）总结使用集成计数器的体会。

实验七　移位寄存器及其应用

一、实验目的

（1）掌握中规模 4 位双向移位寄存器逻辑功能及使用方法。

（2）熟悉移位寄存器的应用——实现数据的串行、并行转换和构成环形计数器。

二、实验原理

（1）移位寄存器是一个具有移位功能的寄存器，是指寄存器中所存的代码能够在移位脉冲的作用下依次左移或右移。既能左移又能右移的，称为双向移位寄存器。只需要改变左、右移的控制信号便可实现双向移位要求。根据移位寄存器存取信息的方式不同，可将其分为串入串出、串入并出、并入串出、并入并出 4 种形式。

本实验选用的 4 位双向通用移位寄存器，型号为 74LS194 或 CC40194，两者功能相同，可互换使用，其逻辑符号及引脚排列如图 7-1 所示。

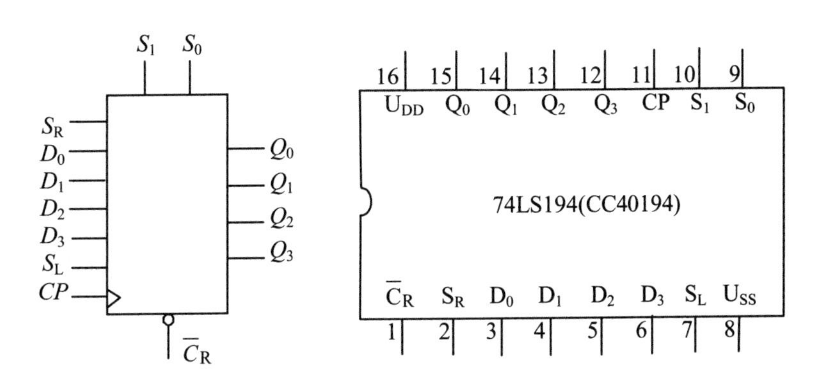

图 7-1　74LS194 的逻辑符号及引脚排列

其中 D_0、D_1、D_2、D_3 为并行输入端；Q_0、Q_1、Q_2、Q_3 为并行输出端；S_R 为右移串行输入端，S_L 为左移串行输入端；S_1、S_0 为操作模式控制端；$\overline{C}_R$ 为直接无条件清零端；CP 为时钟脉冲输入端。

74LS194 有 5 种不同操作模式，即并行送数寄存、右移（方向由 $Q_0 \rightarrow Q_3$）、左移（方向由 $Q_3 \rightarrow Q_0$）、保持及清零。

S_1、S_0 和 $\overline{C}_R$ 端的控制作用如表 7-1 所示。

（2）移位寄存器应用很广，可构成移位寄存器型计数器、顺序脉冲发生器、串行累加器；可用作数据转换，即把串行数据转换为并行数据，或把并行数据转换为串行数据等。本实验研究移位寄存器用做环形计数器和数据的串、并行转换。

表 7-1　S_1、S_0 和 $\bar{C}_R$ 端做控制作用

功能	输入										输出			
	CP	$\bar{C}_R$	S_1	S_0	S_R	S_L	D_0	D_1	D_2	D_3	Q_0	Q_1	Q_2	Q_3
清除	×	0	×	×	×	×	×	×	×	×	0	0	0	0
送数	↑	1	1	1	×	×	a	b	c	d	a	b	c	d
右移	↑	1	0	1	D_{SR}	×	×	×	×	×	D_{SR}	Q_0	Q_1	Q_2
左移	↑	1	1	0	×	D_{SL}	×	×	×	×	Q_1	Q_2	Q_3	D_{SL}
保持	↑	1	0	0	×	×	×	×	×	×	Q_0^n	Q_1^n	Q_2^n	Q_3^n
保持	↓	1	×	×	×	×	×	×	×	×	Q_0^n	Q_1^n	Q_2^n	Q_3^n

1）环形计数器。把移位寄存器的输出反馈到它的串行输入端，就可以进行循环移位，如图 7-2 所示，把输出端 Q_3 和右移串行输入端 S_R 相连接，设初始状态 $Q_0Q_1Q_2Q_3$=1000，则在时钟脉冲作用下 $Q_0Q_1Q_2Q_3$ 将依次变为 0100→0010→0001→1000→……，如表 7-2 所示，可见它是一个具有 4 个有效状态的计数器，这种类型的计数器通常称为环形计数器。图 7-2 所示电路可以由各个输出端输出在时间上有先后顺序的脉冲，因此也可作为顺序脉冲发生器。

表 7-2

CP	Q_0	Q_1	Q_2	Q_3
0	1	0	0	0
1	0	1	0	0
2	0	0	1	0
3	0	0	0	1

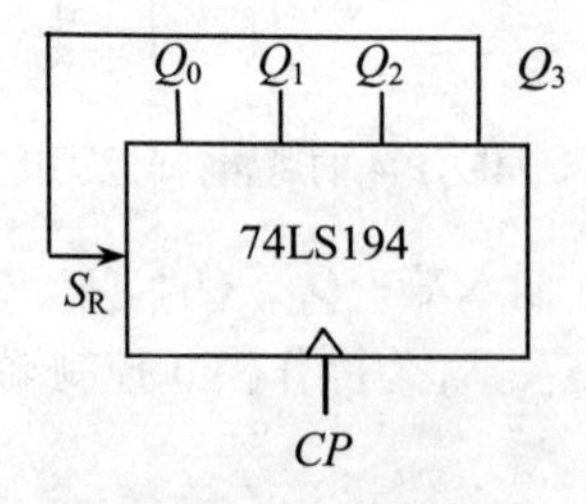

图 7-2　环形计数器

如果将输出 Q_0 与左移串行输入端 S_L 相连接，即可实现左移循环移位。

2）实现数据串、并行转换。

①串行/并行转换器。串行/并行转换是指串行输入的数码，经转换电路之后转换成并行输出。图 7-3 所示是用两片 74LS194（CC40194）4 位双向移位寄存器组成的 7 位串行/并行数据转换电路。电路中 S_0 端接高电平 1，S_1 受 Q_7 控制，两片寄存器连接成串行输入右

移工作模式。Q_7是转换结束标志。当Q_7=1时，S_1为0，使之成为S_1S_0=01的串入右移工作方式，当Q_7=0时，S_1=1，有S_1S_0=11，则串行送数结束，标志着串行输入的数据已转换成并行输出了。

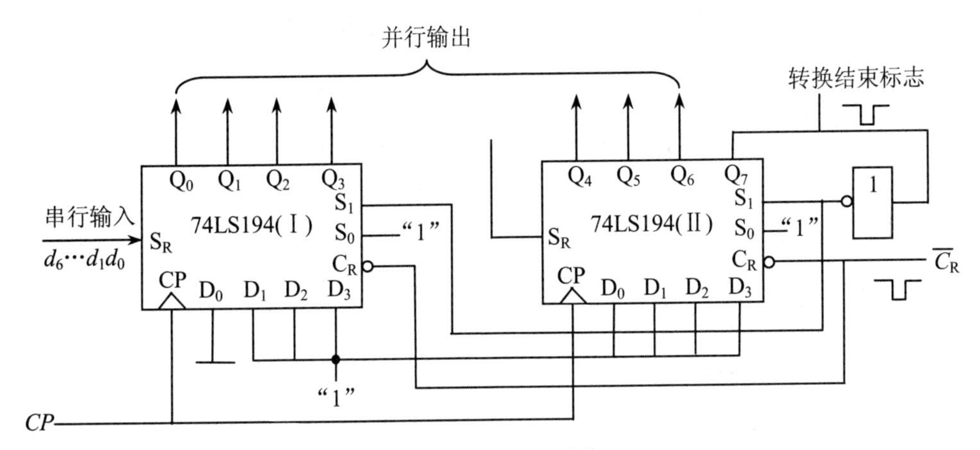

图7-3　7位串行/并行转换器

串行/并行转换的具体过程如下：

转换前，$\overline{C}_R$端加低电平，使（I）、（II）两片寄存器的内容清零，此时S_1S_0=11，寄存器执行并行输入工作方式。当第一个CP脉冲到来后，寄存器的输出状态Q_0～Q_7为01111111，与此同时S_1S_0变为01，转换电路变为执行串入右移工作方式，串行输入数据由Ⅰ片的S_R端加入。随着CP脉冲的依次加入，输出状态的变化可列成表7-3所示。

表7-3　输出状态的变化

CP	Q_0	Q_1	Q_2	Q_3	Q_4	Q_5	Q_6	Q_7	说明
0	0	0	0	0	0	0	0	0	清零
1	0	1	1	1	1	1	1	1	送数
2	D_0	0	1	1	1	1	1	1	右移操作7次
3	D_1	D_0	0	1	1	1	1	1	
4	D_2	D_1	D_0	0	1	1	1	1	
5	D_3	D_2	D_1	D_0	0	1	1	1	
6	D_4	D_3	D_2	D_1	D_0	0	1	1	
7	D_5	D_4	D_3	D_2	D_1	D_0	0	1	
8	D_6	D_5	D_4	D_3	D_2	D_1	D_0	0	
9	0	1	1	1	1	1	1	1	送数

由表7-3可见，右移操作7次之后，Q_7变为0，S_1S_0又变为11，说明串行输入结束。这时，串行输入的数码已经转换成了并行输出了。

当再来一个CP脉冲时，电路又重新执行一次并行输入，为第二组串行数码转换作好了准备。

②并行/串行转换器。并行/串行转换是指并行输入的数码经转换电路之后，转换成串行输出。

图 7-4 所示是用两片 74LS194（CC40194）组成的 7 位并行/串行转换电路，它比图 7-3 所示多了两只与非门 G_1 和 G_2，电路工作方式同样为右移。

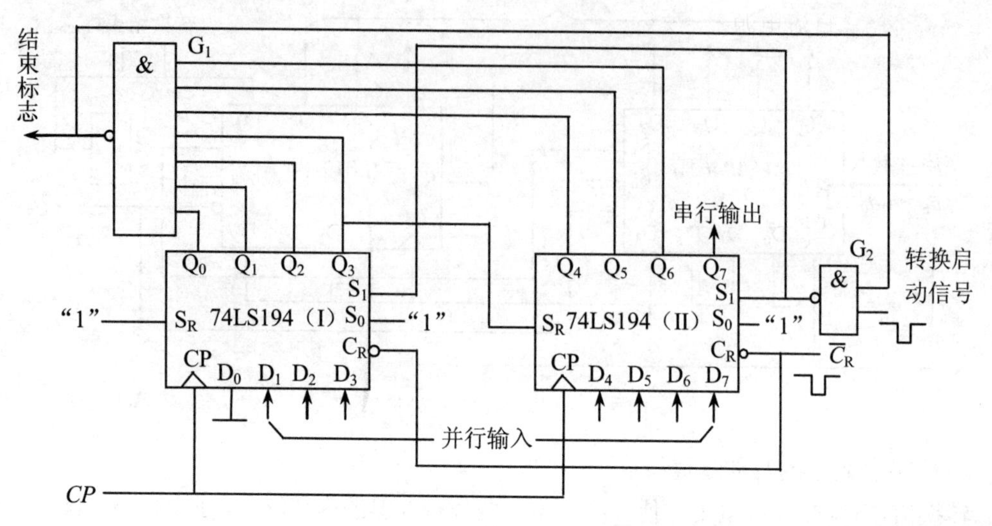

图 7-4　7 位并行/串行转换器

寄存器清“0”后，加一个转换启动信号（负脉冲或低电平）。此时，由于方式控制 S_1S_0 为 11，转换电路执行并行输入操作。当第一个 CP 脉冲到来后，$Q_0Q_1Q_2Q_3Q_4Q_5Q_6Q_7$ 的状态为 $D_0D_1D_2D_3D_4D_5D_6D_7$，并行输入数码存入寄存器。从而使得 G_1 输出为 1，G_2 输出为 0，结果，S_1S_2 变为 01，转换电路随着 CP 脉冲的加入，开始执行右移串行输出，随着 CP 脉冲的依次加入，输出状态依次右移，待右移操作 7 次后，Q_0～Q_6 的状态都为高电平 1，与非门 G_1 输出为低电平，G_2 门输出为高电平，S_1S_2 又变为 11，表示并行/串行转换结束，且为第二次并行输入创造了条件。转换过程如表 7-4 所示。

表 7-4　转换过程

CP	Q_0	Q_1	Q_2	Q_3	Q_4	Q_5	Q_6	Q_7	串行输出						
0	0	0	0	0	0	0	0	0							
1	0	D_1	D_2	D_3	D_4	D_5	D_6	D_7							
2	1	0	D_1	D_2	D_3	D_4	D_5	D_6	D_7						
3	1	1	0	D_1	D_2	D_3	D_4	D_5	D_6	D_7					
4	1	1	1	0	D_1	D_2	D_3	D_4	D_5	D_6	D_7				
5	1	1	1	1	0	D_1	D_2	D_3	D_4	D_5	D_6	D_7			
6	1	1	1	1	1	0	D_1	D_2	D_3	D_4	D_5	D_6	D_7		
7	1	1	1	1	1	1	0	D_1	D_2	D_3	D_4	D_5	D_6	D_7	
8	1	1	1	1	1	1	1	0	D_1	D_2	D_3	D_4	D_5	D_6	D_7
9	0	D_1	D_2	D_3	D_4	D_5	D_6	D_7							

中规模集成移位寄存器，其位数往往以 4 位居多，当需要的位数多于 4 位时，可将几片移位寄存器用级联的方法来扩展位数。

三、实验设备及器件

（1）+5V 直流电源。

（2）单次脉冲源。

（3）逻辑电平开关。

（4）逻辑电平显示器。

（5）74LS194×2（CC40194）、74LS00(CC4011)和 74LS30(CC4068)。

四、实验内容与步骤

1. 测试 74LS194（或 CC40194）的逻辑功能

按图 7-5 所示接线，$\overline{C}_R$、S_1、S_0、S_L、S_R、D_0、D_1、D_2、D_3 分别接至逻辑开关的输出插口；Q_0、Q_1、Q_2、Q_3 接至逻辑电平显示输入插口。CP 端接单次脉冲源。按表 7-5 所规定的输入状态，逐项进行测试。

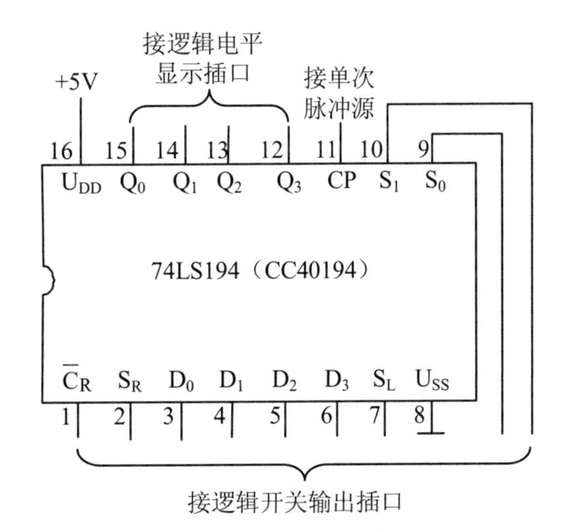

图 7-5　74LS194 逻辑功能测试

表 7-5　按要求的输入状态进行测试并记录

清除	模式		时钟	串行		输入	输出	功能总结
$\overline{C}_R$	S_1	S_0	CP	S_L	S_R	$D_0\ D_1\ D_2\ D_3$	$Q_0\ Q_1\ Q_2\ Q_3$	
0	×	×	×	×	×	××××		
1	1	1	↑	×	×	*a b c d*		
1	0	1	↑	×	0	××××		
1	0	1	↑	×	1	××××		
1	0	1	↑	×	0	××××		

续表

清除	模式		时钟	串行		输入	输出	功能总结
$\overline{C}_R$	S_1	S_0	CP	S_L	S_R	$D_0\ D_1\ D_2\ D_3$	$Q_0\ Q_1\ Q_2\ Q_3$	
1	0	1	↑	×	0	××××		
1	1	0	↑	1	×	××××		
1	1	0	↑	1	×	××××		
1	1	0	↑	1	×	××××		
1	1	0	↑	1	×	××××		
1	0	0	↑	×	×	××××		

（1）清除：令$\overline{C}_R = 0$，其他输入均为任意态，这时寄存器输出 Q_0、Q_1、Q_2、Q_3 应均为 0。清除后，置$\overline{C}_R = 1$。

（2）送数：令$\overline{C}_R = S_1 = S_0 = 1$，送入任意 4 位二进制数，如 $D_0D_1D_2D_3 = abcd$，加 CP 脉冲，观察 $CP = 0$、CP 由 0→1、CP 由 1→0 这 3 种情况下寄存器输出状态的变化，观察寄存器输出状态变化是否发生在 CP 脉冲的上升沿。

（3）右移：清零后，令$\overline{C}_R = 1$，S_1=0，S_0=1，由右移输入端 S_R 送入二进制数码如 0100，由 CP 端连续加 4 个脉冲，观察输出情况，记录之。

（4）左移：先清零或预置，再令$\overline{C}_R = 1$，S_1=1，S_0=0，由左移输入端 S_L 送入二进制数码如 1111，连续加 4 个 CP 脉冲，观察输出端情况，记录之。

（5）保持：寄存器预置任意 4 位二进制数码 $abcd$，令$\overline{C}_R = 1$，S_1=S_0=0，加 CP 脉冲，观察寄存器输出状态，记录之。

2. 环形计数器

自拟实验线路用并行送数法预置寄存器为某二进制数码（如 0100），然后进行右移循环，观察寄存器输出端状态的变化，记入表 7-6 中。

表 7-6 数据记录表

CP	Q_0	Q_1	Q_2	Q_3
0	0	1	0	0
1				
2				
3				
4				

3. 实现数据的串行、并行转换

（1）串行输入、并行输出。

按图 7-3 所示接线，进行右移串入、并出实验，串入数码自定；改接线路用左移方式实现并行输出。自拟表格，记录之。

（2）并行输入、串行输出。

按图 7-4 所示接线，进行右移并入、串出实验，并入数码自定。再改接线路用左移方式实现串行输出。自拟表格，记录之。

五、实验预习要求

（1）复习有关寄存器及串行、并行转换器有关内容。

（2）查阅 74LS194、74LS00 及 74LS30 逻辑线路。熟悉其逻辑功能及引脚排列。

（3）在对 74LS194 进行送数后，若要使输出端改成另外的数码，是否一定要使寄存器清零？

（4）使寄存器清零，除采用 $\overline{C}_R$ 输入低电平外，可否采用右移或左移的方法？可否使用并行送数法？若可行，如何进行操作？

（5）若进行循环左移，图 7-4 所示接线应如何改接？

（6）画出用两片 74LS194 构成的 7 位左移串行/并行转换器线路。

（7）画出用两片 74LS194 构成的 7 位左移并行/串行转换器线路。

六、注意事项

（1）接插集成块时，要认清定位标记，不得插反。

（2）电源电压使用范围为 4.5～5.5V，实验中要求使用 U_{CC}=+5V。电源极性绝对不允许接错。

（3）输出端不允许并联使用（集电极开路门 OC 和三态输出门电路 3S 除外）；否则不仅会使电路逻辑功能混乱，还会导致器件损坏。

（4）输出端不允许直接接地或直接接+5V 电源；否则将损坏器件。有时为了使后级电路获得较高的输出电平，允许输出端通过电阻 R 接至 U_{CC}，一般取 R=3～5.1kΩ。

（5）移位寄存器的输出顺序要接正确。

七、思考题

（1）时序电路自启动的作用何在？是否可用人工置数的方法代替自启动功能？

（2）环形计数器的最大优点和缺点各是什么？

八、实验报告

（1）分析表 7-4 所示的实验结果，总结移位寄存器 74LS194 的逻辑功能并写入表格功能总结一栏中。

（2）根据实验内容 2 的结果，画出 4 位环形计数器的状态转换图及波形图。

（3）分析串/并、并/串转换器所得结果的正确性。

实验八　使用门电路产生脉冲信号——自激多谐振荡器

一、实验目的

（1）掌握使用门电路构成脉冲信号产生电路的基本方法。

（2）掌握影响输出脉冲波形参数的定时元件数值的计算方法。

（3）学习石英晶体稳频原理和使用石英晶体构成振荡器的方法。

二、实验原理

与非门作为一个开关倒相器件，可用以构成各种脉冲波形的产生电路。电路的基本工作原理是利用电容器的充、放电，当输入电压达到与非门的阈值电压 U_T 时，门的输出状态即发生变化。因此，电路输出的脉冲波形参数直接取决于电路中阻容元件的数值。

1. 非对称型多谐振荡器

如图 8-1 所示，非门 3 用于输出整形波形。

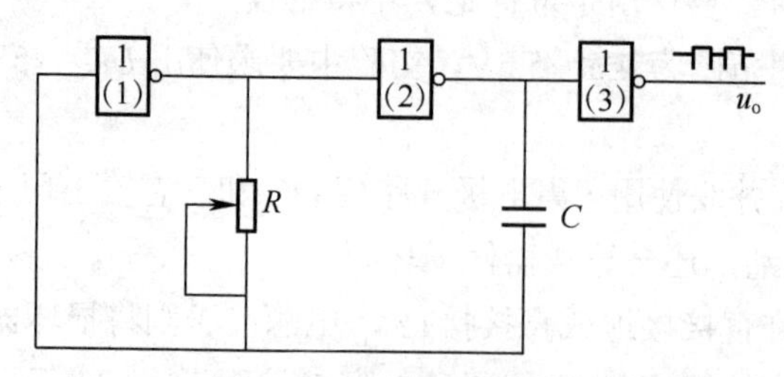

图 8-1　非对称型振荡器

非对称型多谐振荡器的输出波形是不对称的，当用 TTL 与非门组成时，输出脉冲宽度

$$t_{w1}=RC,\quad t_{w2}=1.2RC,\quad T=2.2RC$$

调节 R 和 C 值，可改变输出信号的振荡频率，通常用改变 C 实现输出频率的粗调，改变电位器 R 实现输出频率的细调。

2. 对称型多谐振荡器

如图 8-2 所示，由于电路完全对称，电容器的充、放电时间常数相同，故输出为对称的方波。改变 R 和 C 的值，可以改变输出振荡频率。非门 3 用于输出整形波形。

一般取 $R \leqslant 1\text{k}\Omega$，当 $R=1\text{k}\Omega$，$C=100\text{pF} \sim 100\mu\text{F}$ 时，f 为几赫兹到几兆赫兹，脉冲宽度 $t_{w1}=t_{w2}=0.7RC$，$T=1.4RC$。

3. 带 RC 电路的环形振荡器

电路如图 8-3 所示，非门 4 用于输出整形波形，R 为限流电阻，一般取 100Ω，电位器 R_W 要求小于 1kΩ，电路利用电容 C 的充、放电过程，控制 D 点电压 U_D，从而控制与非门的自动启闭，形成多谐振荡，电容 C 的充电时间 t_{w1}、放电时间 t_{w2} 和总的振荡周期 T 分别为

$$t_{w1}\approx0.94RC，t_{w2}\approx1.26RC，T\approx2.2RC$$

调节 R 和 C 的大小可以改变电路输出的振荡频率。

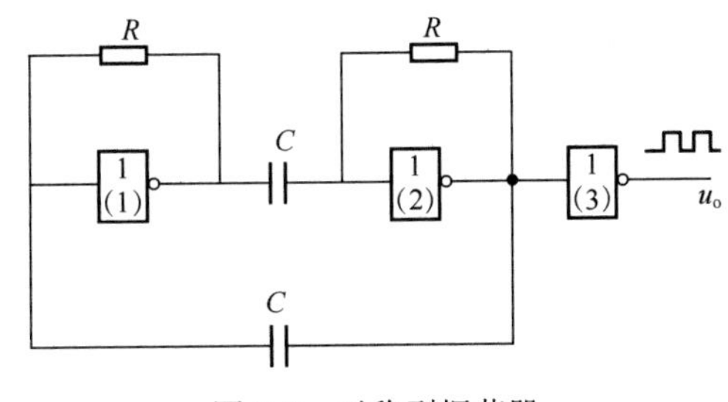

图 8-2　对称型振荡器

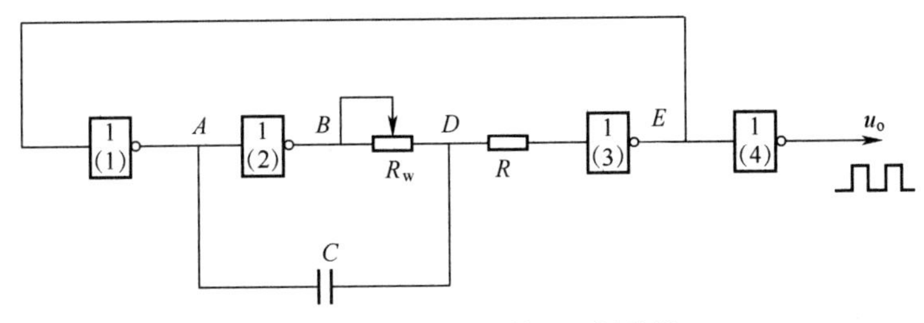

图 8-3　带 RC 电路的环形振荡器

以上这些电路的状态转换都发生在与非门输入电平达到门的阈值电平 U_T 的时刻。在 U_T 附近电容器的充、放电速度已经缓慢，而且 U_T 本身也不够稳定，易受温度、电源电压变化等因素及干扰的影响。因此，电路输出频率的稳定性较差。

4. *石英晶体稳频的多谐振荡器*

当要求多谐振荡器的工作频率稳定性很高时，上述几种多谐振荡器的精度已不能满足要求。为此常用石英晶体作为信号频率的基准。用石英晶体与门电路构成的多谐振荡器常用来为微型计算机等提供时钟信号。

图 8-4 所示为常用的晶体稳频多谐振荡器。图 8-4（a）、（b）所示为 TTL 器件组成的晶体振荡电路；图 8-4（c）、（d）所示为 CMOS 器件组成的晶体振荡电路，一般用于电子表中，其中晶体的 f_0=32768Hz。

图 8-4（c）中，非门 1 用于振荡，非门 2 用于缓冲整形。R_f 是反馈电阻，通常在几十兆欧之间选取，一般选 22MΩ。R 起稳定振荡作用，通常取十至几百千欧。C_1 是频率微调电容器，C_2 用于温度特性校正。

三、实验设备与器件

（1）+5V 直流电源。

（2）双踪示波器。

（3）数字频率计。

（4）74LS00（或 CC4011）、晶振 32768Hz、电位器、电阻和电容若干。

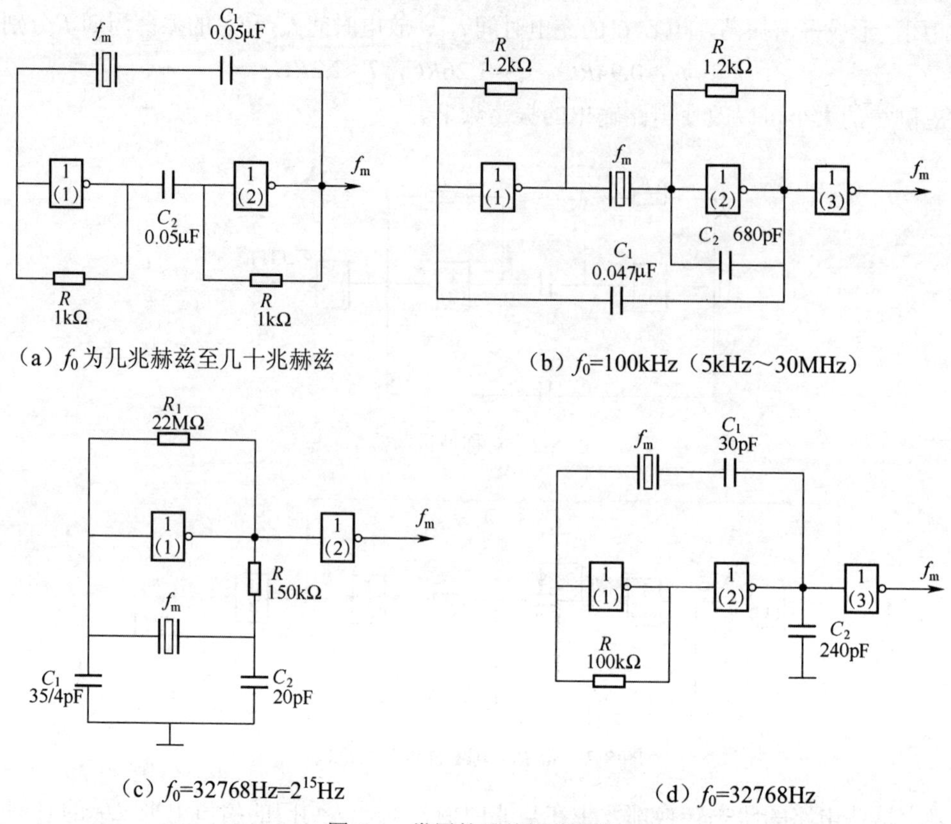

图 8-4 常用的晶体振荡电路

四、实验内容与步骤

（1）用与非门 74LS00 按图 8-1 所示构成多谐振荡器，其中 R 为 10kΩ电位器，C 为 0.01μF。

1）用示波器观察输出波形及电容 C 两端的电压波形，列表记录之。

2）调节电位器观察输出波形的变化，测出上、下限频率。

3）用一只 100μF 电容器跨接在 74LS00 的 14 脚与 7 脚的最近处，观察输出波形的变化及电源上纹波信号的变化，记录之。

（2）74LS00 按图 8-2 所示接线，取 R=1kΩ，C=0.047μF，用示波器观察输出波形，记录之。

（3）用 74LS00 按图 8-3 所示接线，其中定时电阻 R_W 用一个 510Ω与一个 1kΩ的电位器串联，取 R=100Ω，C=0.1μF。

1）R_W 调到最大时，观察并记录 A、B、D、E 及 u_o 各点电压的波形，测出 u_o 的周期 T 和负脉冲宽度（电容 C 的充电时间），并与理论计算值比较。

2）改变 R_W 值，观察输出信号 u_o 波形的变化情况。

（4）按图 8-4（c）所示接线，晶振选用电子表晶振 32768Hz，与非门选用 CC4011，用示波器观察输出波形，用频率计测量输出信号频率，记录之。

五、实验预习要求

（1）复习自激多谐振荡器的工作原理。

（2）画出实验用的详细实验线路图。

（3）拟好记录、实验数据表格等。

六、注意事项

（1）接插集成块时，要认清定位标记，不得插反。

（2）电源电压使用范围为4.5～5.5V，实验中要求使用U_{CC}=+5V。电源极性绝对不允许接错。

（3）输出端不允许并联使用（集电极开路门OC和三态输出门电路3S除外）；否则不仅会使电路逻辑功能混乱，还会导致器件损坏。

（4）输出端不允许直接接地或直接接+5V 电源；否则将损坏器件。有时为了使后级电路获得较高的输出电平，允许输出端通过电阻R接至U_{CC}，一般取R=3～5.1kΩ。

七、思考题

（1）微分型单稳态触发器，其输入端如果没有微分电路，当输入信号脉宽大于按元件参数计算的输出脉宽时，电路能否正常工作？为什么？

（2）欲使集成与非门构成的环形多谐振荡器和微分型单稳态触发器获得更大的频率范围，应采用什么措施？

八、实验报告

（1）画出实验电路，整理实验数据与理论值进行比较。

（2）用方格纸画出实验观测到的工作波形图，对实验结果进行分析。

实验九 555时基电路及其应用

一、实验目的

（1）熟悉555型集成时基电路结构、工作原理及其特点。

（2）掌握555型集成时基电路的基本应用。

二、实验原理

集成时基电路又称为集成定时器或555电路，是一种数字、模拟混合型的中规模集成电路，应用十分广泛。它是一种产生时间延迟和多种脉冲信号的电路，由于内部电压标准使用了3个5kΩ电阻，故取名555电路。其电路类型有双极型和CMOS型两大类，二者的结构与工作原理类似。几乎所有的双极型产品型号最后的3位数码都是555或556；所有的CMOS产品型号最后4位数码都是7555或7556，二者的逻辑功能和引脚排列完全相同，易于互换。555和7555是单定时器；556和7556是双定时器。双极型的电源电压U_{CC}=5～15V，输出的最大电流可达200mA，CMOS型的电源电压为3～18V。

1. 555电路的工作原理

555电路的内部电路方框图如图9-1所示。它含有两个电压比较器，一个基本RS触发器，一个放电开关管T，比较器的参考电压由3只5kΩ的电阻器构成的分压器提供。它们分别使高电平比较器A_1的同相输入端和低电平比较器A_2的反相输入端的参考电平为$\frac{2}{3}U_{CC}$和$\frac{1}{3}U_{CC}$。A_1与A_2的输出端控制RS触发器状态和放电管开关状态。当输入信号自6脚，即高电平触发输入并超过参考电平$\frac{2}{3}U_{CC}$时，触发器复位，555的输出端3脚输出低电平，同时放电开关管导通；当输入信号自2脚输入并低于$\frac{1}{3}U_{CC}$时，触发器置位，555的3脚输出高电平，同时放电开关管截止。

$\overline{R}_D$是复位端（4脚），当$\overline{R}_D$=0，555输出低电平。平时$\overline{R}_D$端开路或接U_{CC}。

U_C是控制电压端（5脚），平时输出$\frac{2}{3}U_{CC}$作为比较器A_1的参考电平，当5脚外接一个输入电压，即改变了比较器的参考电平，从而实现对输出的另一种控制，在不接外加电压时，通常接一个0.01μF的电容器到地，起滤波作用，以消除外来的干扰，确保参考电平的稳定。

T为放电管，当T导通时，将给接于脚7的电容器提供低阻放电通路。

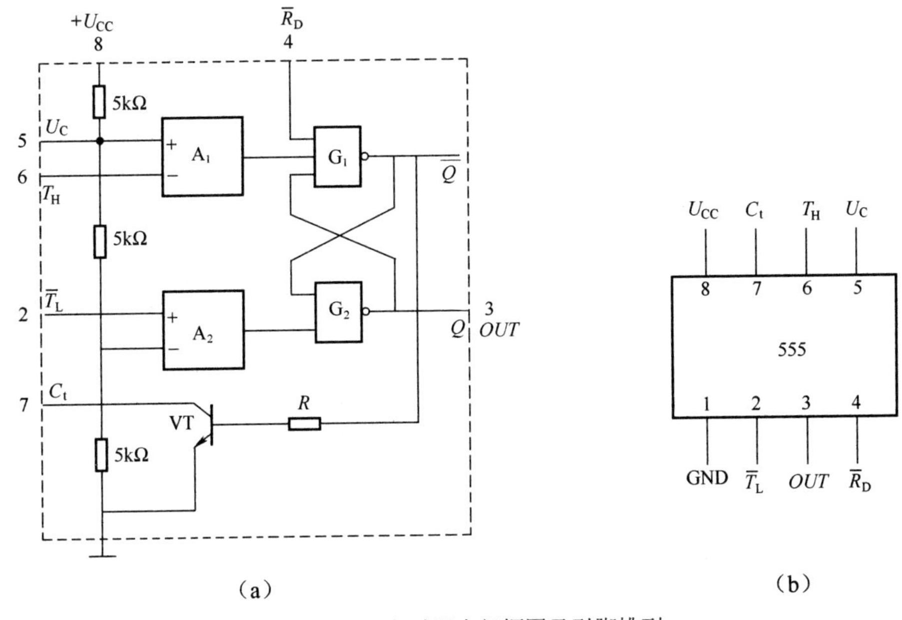

（a）　　（b）

图 9-1　555 定时器内部框图及引脚排列

555 定时器主要是与电阻、电容构成充、放电电路，并由两个比较器来检测电容器上的电压，以确定输出电平的高、低和放电开关管的通、断。这就很方便地构成从微秒到数十分钟的延时电路，可方便地构成单稳态触发器、多谐振荡器、施密特触发器等脉冲产生或波形变换电路。

2. 555 定时器的典型应用

（1）构成单稳态触发器。图 9-2（a）所示为由 555 定时器和外接定时元件 R、C 构成的单稳态触发器。触发电路由 C_1、R_1、VD 构成，其中 VD 为钳位二极管，稳态时 555 电路输入端处于电源电平，内部放电开关管 T 导通，输出端 F 输出低电平，当有一个外部负脉冲触发信号经 C_1 加到 2 端，并使 2 端电位瞬时低于 $\frac{1}{3}U_{CC}$，低电平比较器动作，单稳态电路即开始一个暂态过程，电容 C 开始充电，u_C 按指数规律增长。当 u_C 充电到 $\frac{2}{3}U_{CC}$ 时，高电平比较器动作，比较器 A_1 翻转，输出 u_o 从高电平返回低电平，放电开关管 T 重新导通，电容 C 上的电荷很快经放电开关管放电，暂态结束，恢复稳态，为下一个触发脉冲的来到作好准备。其波形如图 9-2（b）所示。

暂稳态的持续时间 t_W（即为延时时间）决定于外接元件 R、C 值的大小。

$$t_W = 1.1RC$$

通过改变 R、C 的大小，可使延时时间在几个微秒到几十分钟之间变化。当这种单稳态电路作为计时器时，可直接驱动小型继电器，并可以使用复位端（4 脚）接地的方法来中止暂态，重新计时。此外，尚须用一个续流二极管与继电器线圈并接，以防继电器线圈反电势损坏内部功率管。

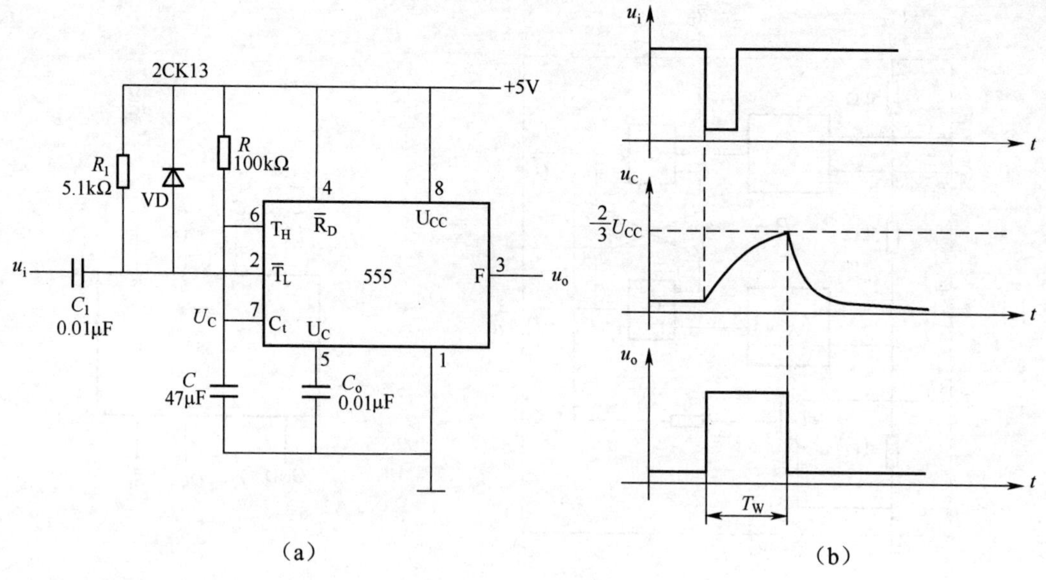

图 9-2 单稳态触发器

（2）构成多谐振荡器。

如图 9-3（a），由 555 定时器和外接元件 R_1、R_2、C 构成多谐振荡器，脚 2 与脚 6 直接相连。电路没有稳态，仅存在两个暂稳态，电路也不需要外加触发信号，利用电源通过 R_1、R_2 向 C 充电，以及 C 通过 R_2 向放电端 C_t 放电，使电路产生振荡。电容 C 在 $\frac{1}{3}U_{CC}$ 和 $\frac{2}{3}U_{CC}$ 之间充电和放电，其波形如图 9-3（b）所示。输出信号的时间参数是

$$T = t_{w1} + t_{w2}\text{，}\quad t_{w1} = 0.7(R_1 + R_2)C\text{，}\quad t_{w2} = 0.7R_2C$$

555 电路要求 R_1 与 R_2 均应不小于 1kΩ，但 R_1+R_2 应不大于 3.3MΩ。

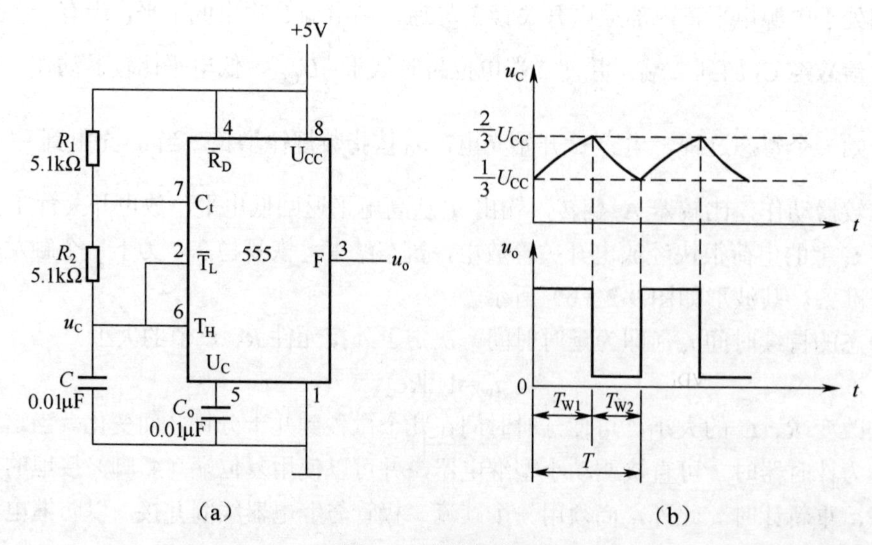

图 9-3 多谐振荡器

外部元件的稳定性决定了多谐振荡器的稳定性，555 定时器配以少量的元件即可获得

较高精度的振荡频率和具有较强的功率输出能力。因此，这种形式的多谐振荡器应用很广。

（3）组成占空比可调的多谐振荡器。电路如图 9-4 所示，它比图 9-3 所示电路增加了一个电位器和两个导引二极管。VD_1、VD_2 用来决定电容充、放电电流流经电阻的途径（充电时 VD_1 导通，VD_2 截止；放电时 VD_2 导通，VD_1 截止）。

占空比
$$P=\frac{t_{w1}}{t_{w1}+t_{w2}}\approx\frac{0.7R_A C}{0.7C(R_A+R_B)}=\frac{R_A}{R_A+R_B}$$

可见，若取 $R_A=R_B$ 电路即可输出占空比为 50%的方波信号。

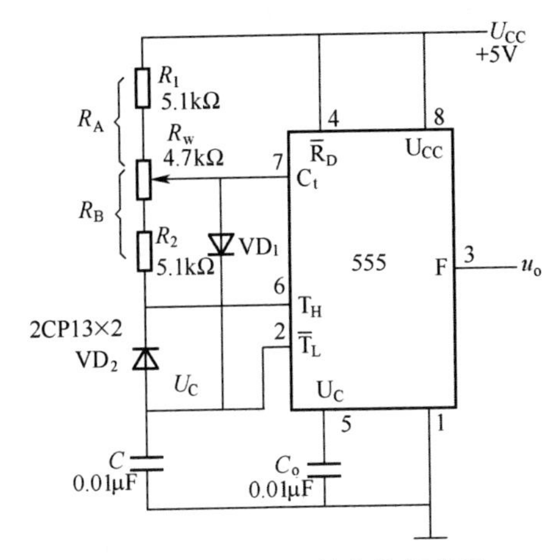

图 9-4　占空比可调的多谐振荡器

（4）组成占空比连续可调并能调节振荡频率的多谐振荡器。

电路如图 9-5 所示。对 C_1 充电时，充电电流通过 R_1、VD_1、R_{W2} 和 R_{W1}；放电时通过 R_{W1}、R_{W2}、VD_2、R_2。当 $R_1=R_2$、R_{W2} 调至中心点，因充、放电时间基本相等，其占空比约为 50%，此时调节 R_{W1} 仅改变频率，占空比不变。如 R_{W2} 调至偏离中心点，再调节 R_{W1}，不仅振荡频率改变，而且对占空比也有影响。R_{W1} 不变，调节 R_{W2}，仅改变占空比，对频率无影响。因此，当接通电源后，应首先调节 R_{W1} 使频率至规定值，再调节 R_{W2}，以获得需要的占空比。若频率调节的范围比较大，还可以用波段开关改变 C_1 的值。

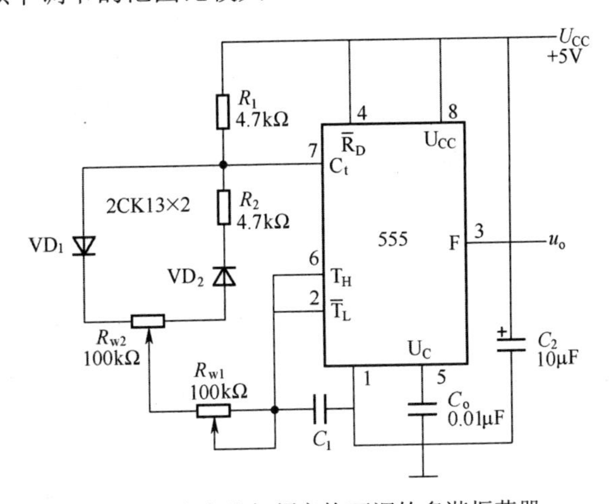

图 9-5　占空比与频率均可调的多谐振荡器

（5）组成施密特触发器。

电路如图 9-6 所示，只要将脚 2、6 连在一起作为信号输入端，即得到施密特触发器。图 9-7 示出了 u_S，u_i 和 u_o 的波形。

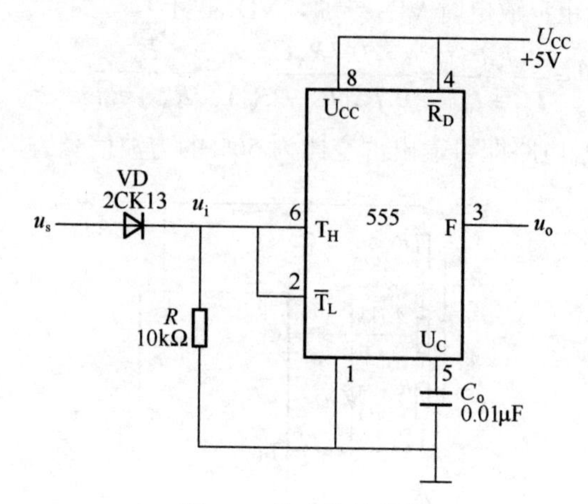

图 9-6　施密特触发器

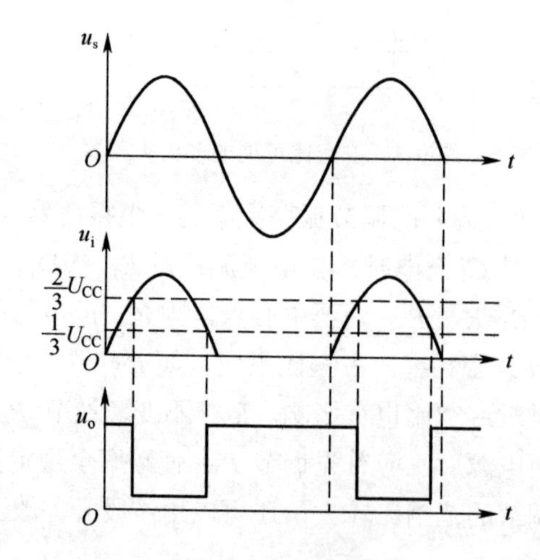

图 9-7　波形变换

设被整形变换的电压为正弦波 u_s，其正半波通过二极管 VD 同时加到 555 定时器的 2 脚和 6 脚，得 u_i 为半波整流波形。当 u_i 上升到 $\frac{2}{3}U_{CC}$ 时，u_o 从高电平翻转为低电平；当 u_i 下降到 $\frac{1}{3}U_{CC}$ 时，u_o 又从低电平翻转为高电平。电路的电压传输特性曲线如图 9-8 所示。

回差电压 $\Delta U=\frac{2}{3}U_{CC}-\frac{1}{3}U_{CC}=\frac{1}{3}U_{CC}$。

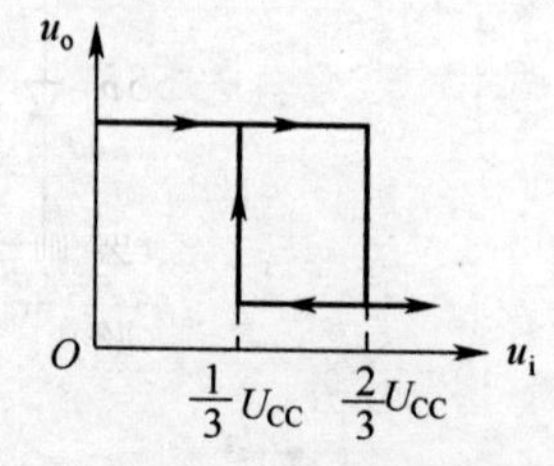

图 9-8　电压传输特性

三、实验设备与器件

（1）+5V 直流电源。

（2）双踪示波器。

（3）连续脉冲源。

（4）单次脉冲源。

（5）音频信号源。

（6）数字频率计。

（7）逻辑电平显示器。

（8）555×2、2CK13×2、电位器、电阻和电容若干。

四、实验内容与步骤

1．单稳态触发器

（1）按图 9-2 所示连线，取 R=100kΩ，C=47μF，输入信号 u_i 由单次脉冲源提供，用双踪示波器观测 u_i、u_C、u_o 波形。测定幅度与暂稳态时间。

（2）将 R 改为 1kΩ，C 改为 0.1μF，输入端加 1kHz 的连续脉冲，观测波形 u_i、u_C、u_o，测定幅度及暂稳态时间。

2．多谐振荡器

（1）按图 9-3 所示接线，用双踪示波器观测 u_C 与 u_o 的波形，测定频率。

（2）按图 9-4 所示接线，组成占空比为 50%的方波信号发生器。观测 u_C 和 u_o 波形，测定波形参数。

（3）按图 9-5 所示接线，通过调节 R_{W1} 和 R_{W2} 来观测输出波形。

3．施密特触发器

按图 9-6 所示接线，输入信号由音频信号源提供，预先调好 u_s 的频率为 1kHz，接通电源，逐渐加大 u_s 的幅度，观测输出波形，测绘电压传输特性，算出回差电压 ΔU 。

4．模拟声响电路

按图 9-9 所示接线，组成两个多谐振荡器，调节定时元件，使 I 输出较低频率，II 输出较高频率，连好线，接通电源，试听音响效果。调换外接阻容元件，再试听音响效果。

五、实验预习要求

（1）复习有关 555 定时器的工作原理及其应用。

（2）拟定实验中所需的数据、表格等。

（3）如何用示波器测定施密特触发器的电压传输特性曲线？

（4）拟定各次实验的步骤和方法。

六、注意事项

（1）接插集成块时，要认清定位标记，不得插反。

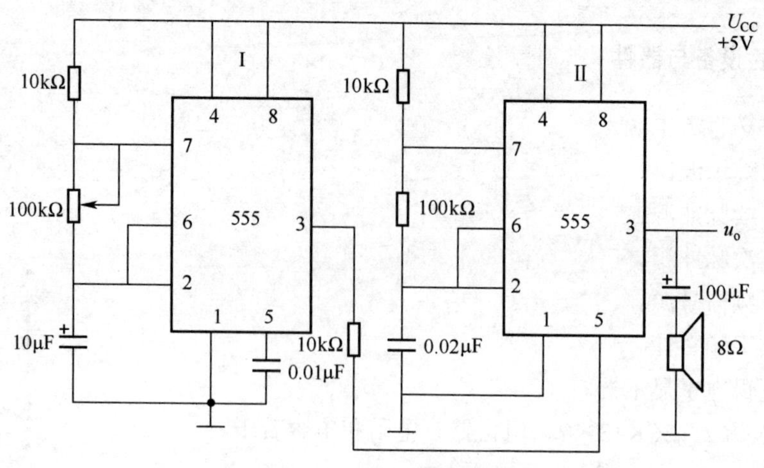

图 9-9 模拟音响电路

（2）电源电压使用范围为 4.5～5.5V，实验中要求使用 U_{CC}=+5V。电源极性绝对不允许接错。

（3）输出端不允许并联使用（集电极开路门 OC 和三态输出门电路 3S 除外）；否则不仅会使电路逻辑功能混乱，还会导致器件损坏。

（4）输出端不允许直接接地或直接接+5V 电源；否则将损坏器件。有时为了使后级电路获得较高的输出电平，允许输出端通过电阻 R 接至 U_{CC}，一般取 R=3～5.1kΩ。

（5）单稳态触发器的输入信号频率控制在 500Hz 左右。

（6）施密特触发器的输入信号 u_s 的有效值 U_s 为 5V 左右。

七、思考题

（1）在 555 定时器构成的多谐振荡器中，其振荡周期和占空比的改变与哪些参数有关？若只需改变周期，而不改变占空比应调整哪个元件参数？

（2）555 定时器构成的单稳态触发器的输出脉宽和周期由什么决定？

（3）为什么单稳态触发器要求输入触发信号的负脉冲宽度一定要小于输出信号的脉冲宽度？若输入触发信号的负脉冲宽度大于输出信号的脉冲宽度，该如何解决？

八、实验报告

（1）绘出详细的实验线路图，定量绘出观测到的波形。

（2）分析、总结实验结果。

实验十　D/A、A/D 转换器

一、实验目的

（1）了解 D/A 和 A/D 转换器的基本工作原理和基本结构。

（2）掌握大规模集成 D/A 和 A/D 转换器的功能及其典型应用。

二、实验原理

在数字电子技术的很多应用场合往往需要把模拟量转换为数字量，称为模/数转换器（A/D 转换器，简称 ADC）；或把数字量转换成模拟量，称为数/模转换器（D/A 转换器，简称 DAC）。完成这种转换的线路有多种，特别是单片大规模集成 A/D、D/A 转换器问世，为实现上述的转换提供了极大的方便。使用者借助于手册提供的器件性能指标及典型应用电路，即可正确使用这些器件。本实验将采用大规模集成电路 DAC0832 实现 D/A 转换，ADC0809 实现 A/D 转换。

1. D/A 转换器 DAC0832

DAC0832 是采用 CMOS 工艺制成的单片电流输出型 8 位数/模转换器。图 10-1 是 DAC0832 的逻辑框图及引脚排列。

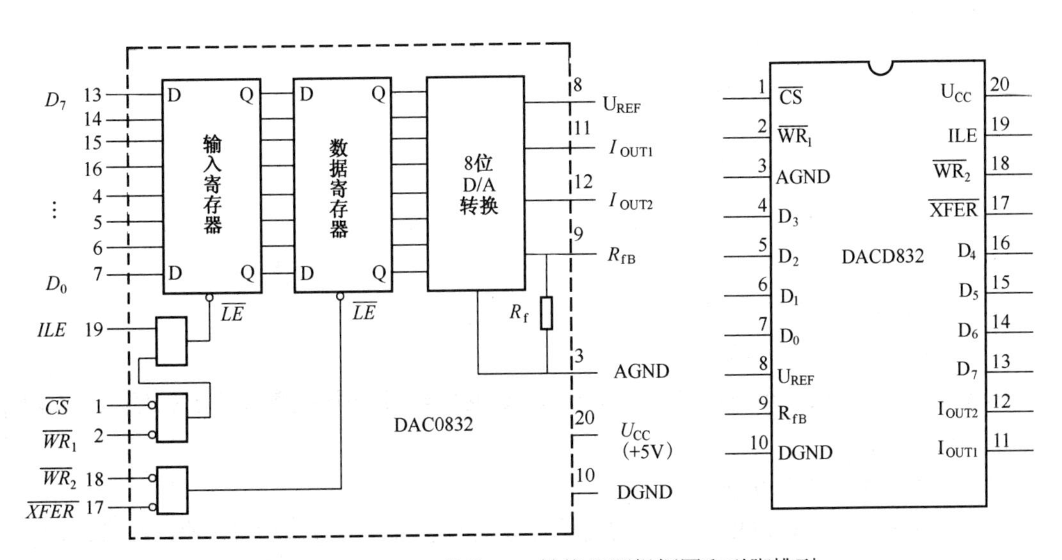

图 10-1　DAC0832 单片 D/A 转换器逻辑框图和引脚排列

器件的核心部分采用倒 T 型电阻网络的 8 位 D/A 转换器，如图 10-2 所示。它是由倒 T 型 R-$2R$ 电阻网络、模拟开关、运算放大器和参考电压 U_{REF} 这 4 部分组成。

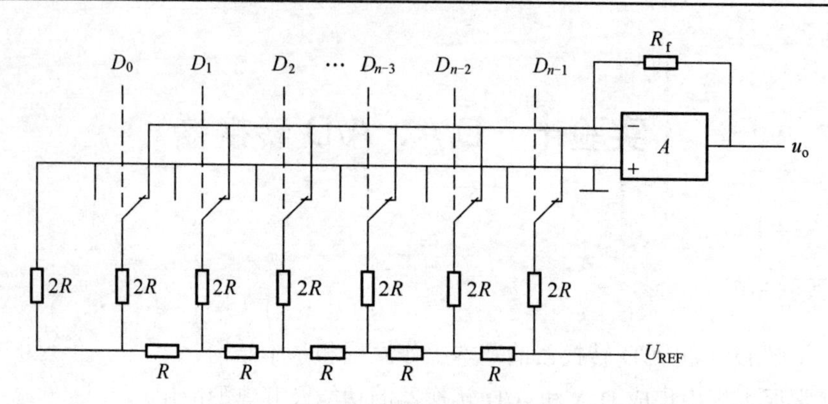

图 10-2 倒 T 型电阻网络 D/A 转换电路

运放的输出电压为

$$U_o = \frac{U_{REF} \cdot R_f}{2^n R}(D_{n-1} \cdot 2^{n-1} + D_{n-2} \cdot 2^{n-2} + \cdots + D_0 \cdot 2^0)$$

由上式可见，输出电压 U_o 与输入的数字量成正比，这就实现了从数字量到模拟量的转换。

一个 8 位的 D/A 转换器，它有 8 个输入端，每个输入端是 8 位二进制数的一位，有一个模拟输出端，输入可有 2^8=256 个不同的二进制组态，输出为 256 个电压之一，即输出电压不是整个电压范围内任意值，而只能是 256 个可能值。

DAC0832 的引脚功能说明如下：

D_0～D_7：数字信号输入端。

ILE：输入寄存器允许，高电平有效。

$\overline{CS}$：片选信号，低电平有效。

$\overline{WR_1}$：写信号 1，低电平有效。

$\overline{XFER}$：传送控制信号，低电平有效。

$\overline{WR_2}$：写信号 2，低电平有效。

I_{OUT1}，I_{OUT2}：DAC 电流输出端。

R_{fB}：反馈电阻，是集成在片内的外接运放的反馈电阻。

U_{REF}：基准电压-10～+10V。

U_{CC}：电源电压+5～+15V。

DAC0832 输出的是电流，要转换为电压，还必须经过一个外接的运算放大器，实验线路如图 10-3 所示。

2. A/D 转换器 ADC0809

ADC0809 是采用 CMOS 工艺制成的单片 8 位 8 通道逐次渐近型模/ 数转换器，其逻辑框图及引脚排列如图 10-4 所示。

器件的核心部分是 8 位 A/D 转换器，它由比较器、逐次渐近寄存器、D/A 转换器及控制和定时 5 部分组成。

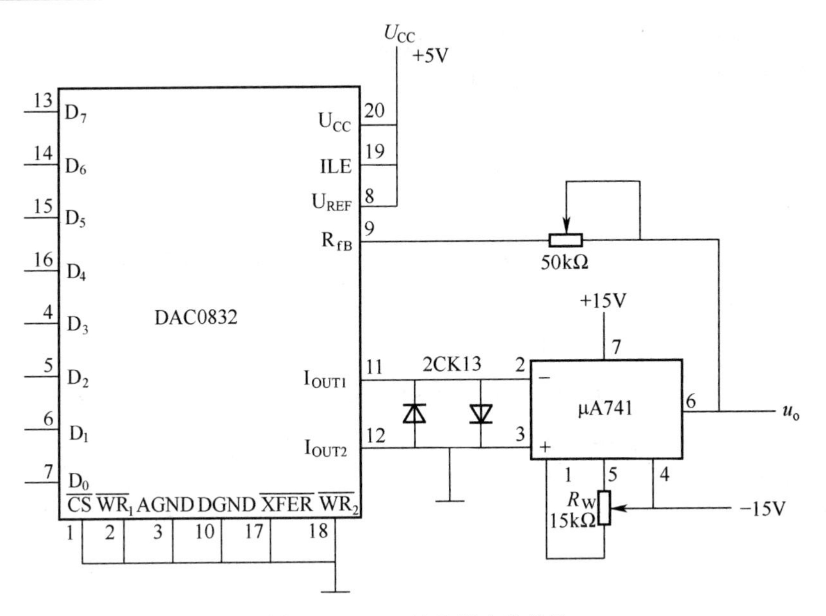

图 10-3　D/A 转换器实验线路

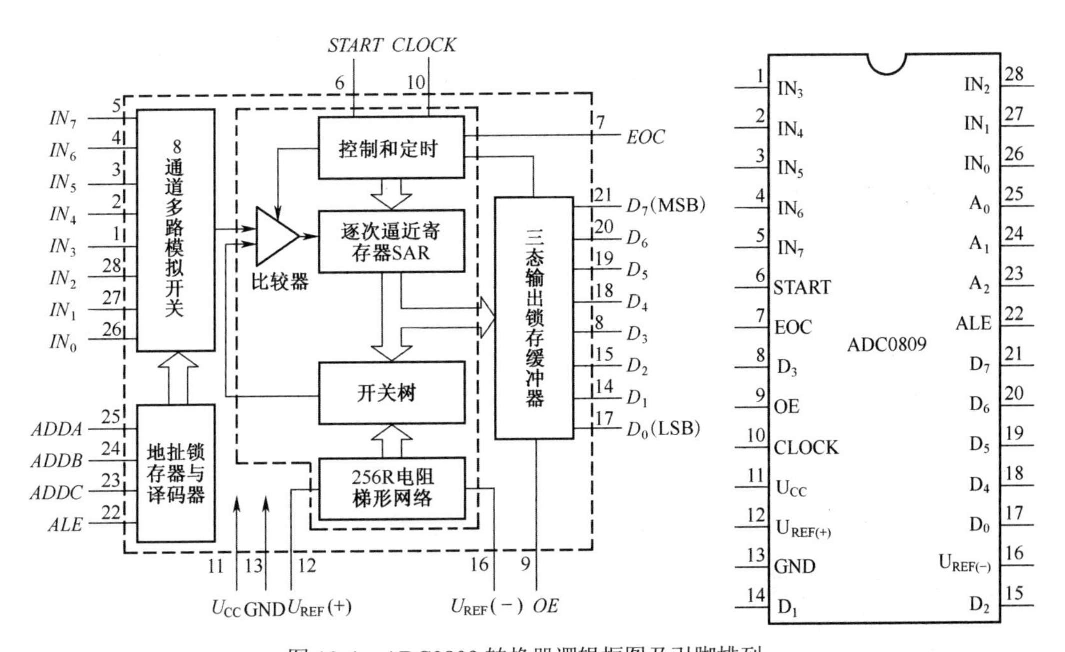

图 10-4　ADC0809 转换器逻辑框图及引脚排列

ADC0809 的引脚功能说明如下：

IN_0～IN_7：8 路模拟信号输入端。

A_2、A_1、A_0：地址输入端。

ALE：地址锁存允许输入信号，在此脚施加正脉冲，上升沿有效，此时锁存地址码，从而选通相应的模拟信号通道，以便进行 A/D 转换。

START：启动信号输入端，应在此脚施加正脉冲，当上升沿到达时，内部逐次逼近寄

存器复位，在下降沿到达后，开始 A/D 转换过程。

EOC：转换结束输出信号（转换结束标志），高电平有效。

OE：输入允许信号，高电平有效。

CLOCK(CP)：时钟信号输入端，外接时钟频率一般为 640kHz。

U_{CC}：+5V 单电源供电。

$U_{REF}(+)$、$U_{REF}(-)$：基准电压的正极、负极。一般 $U_{REF}(+)$接+5V 电源，$U_{REF}(-)$接地。

D_7～D_0：数字信号输出端。

（1）模拟量输入通道选择。8 路模拟开关由 A_2、A_1、A_0这 3 地址输入端选通 8 路模拟信号中的任何一路进行 A/D 转换，地址译码与模拟输入通道的选通关系如表 10-1 所示。

表 10-1 地址译码与模拟输入通道的选通关系

被选模拟通道		IN_0	IN_1	IN_2	IN_3	IN_4	IN_5	IN_6	IN_7
地址	A_2	0	0	0	0	1	1	1	1
	A_1	0	0	1	1	0	0	1	1
	A_0	0	1	0	1	0	1	0	1

（2）D/A 转换过程。在启动端（*START*）加启动脉冲（正脉冲），D/A 转换即开始。如将启动端（*START*）与转换结束端（*EOC*）直接相连，转换将是连续的，在用这种转换方式时，开始应在外部加启动脉冲。

三、实验设备及器件

（1）+5V、±15V 直流电源。

（2）双踪示波器。

（3）计数脉冲源。

（4）逻辑电平开关。

（5）逻辑电平显示器。

（6）直流数字电压表。

（7）DAC0832、ADC0809、μA741，电位器、电阻和电容若干。

四、实验内容与步骤

1. D/A 转换器——DAC0832

（1）按图 10-3 所示接线，电路接成直通方式，即$\overline{CS}$、$\overline{WR}_1$、$\overline{WR}_2$、$\overline{XFER}$接地；*ALE*、U_{CC}、U_{REF} 接+5V 电源；运放电源接±15V；D_0～D_7 接逻辑开关的输出插口，输出端 u_o接直流数字电压表。

（2）调零，令 D_0～D_7 全置零，调节运放的电位器使μA741 输出为零。

（3）按表 10-2 所列的输入数字信号，用数字电压表测量运放的输出电压 u_o，并将测量结果填入表中，与理论值进行比较。

表 10-2　按输入数字信号输出模拟量

输入数字量								输出模拟量 u_o（V）
D_7	D_6	D_5	D_4	D_3	D_2	D_1	D_0	U_{CC}=+5V
0	0	0	0	0	0	0	0	
0	0	0	0	0	0	0	1	
0	0	0	0	0	0	1	0	
0	0	0	0	0	1	0	0	
0	0	0	0	1	0	0	0	
0	0	0	1	0	0	0	0	
0	0	1	0	0	0	0	0	
0	1	0	0	0	0	0	0	
1	0	0	0	0	0	0	0	
1	1	1	1	1	1	1	1	

2. A/D 转换器——ADC0809

按图 10-5 所示接线。

（1）8 路输入模拟信号 1～4.5V，由+5V 电源经电阻 R 分压组成；变换结果 D_0～D_7 接逻辑电平显示器输入插口，CP 时钟脉冲由计数脉冲源提供，取 f=100kHz；A_0～A_2 地址端接逻辑电平输出插口。

（2）接通电源后，在启动端（$START$）加一正单次脉冲，下降沿一到即开始 A/D 转换。

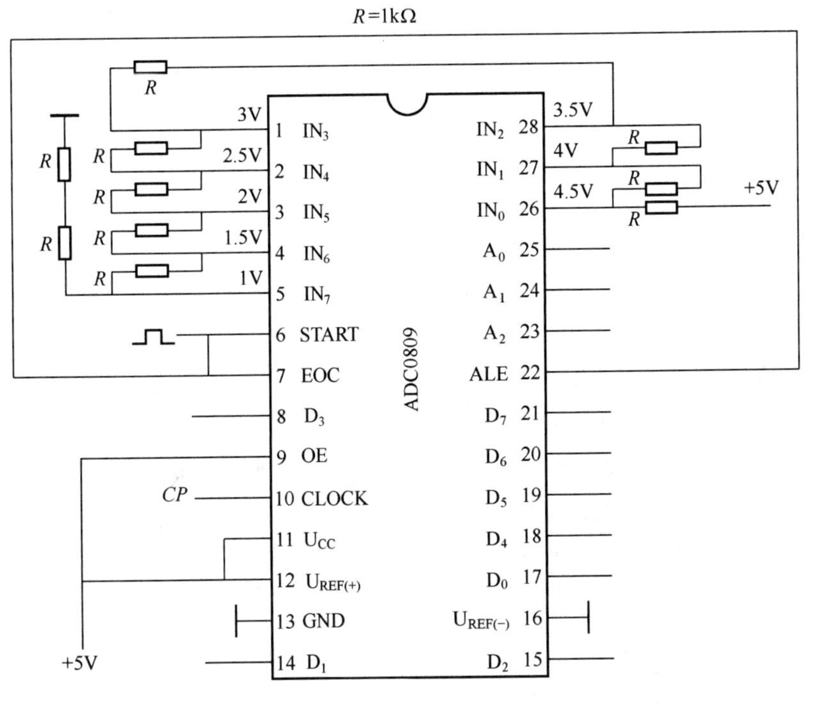

图 10-5　ADC0809 实验线路

（3）按表 10-3 所示的要求观察，记录 IN_0～IN_7 这 8 路模拟信号的转换结果，并将转换结果换算成十进制数表示的电压值，并与数字电压表实测的各路输入电压值进行比较，分析误差原因。

表 10-3

被选模拟通道	输入模拟量	地址			输出数字量								
IN	u_i（V）	A_2	A_1	A_0	D_7	D_6	D_5	D_4	D_3	D_2	D_1	D_0	十进制
IN_0	4.5	0	0	0									
IN_1	4.0	0	0	1									
IN_2	3.5	0	1	0									
IN_3	3.0	0	1	1									
IN_4	2.5	1	0	0									
IN_5	2.0	1	0	1									
IN_6	1.5	1	1	0									
IN_7	1.0	1	1	1									

五、实验预习要求

（1）复习 A/D、D/A 转换的工作原理。

（2）熟悉 ADC0809、DAC0832 各引脚功能，使用方法。

（3）绘好完整的实验线路和所需的实验记录表格。

（4）拟定各个实验内容的具体实验方案。

六、注意事项

（1）接插集成块时，要认清定位标记，不得插反。

（2）电源电压使用范围为 4.5～5.5V，实验中要求使用 U_{CC}=+5V。电源极性绝对不允许接错。

（3）输出端不允许并联使用（集电极开路门 OC 和三态输出门电路 3S 除外）；否则不仅会使电路逻辑功能混乱，还会导致器件损坏。

（4）输出端不允许直接接地或直接接+5V 电源；否则将损坏器件。有时为了使后级电路获得较高的输出电平，允许输出端通过电阻 R 接至 U_{CC}，一般取 R=3～5.1kΩ。

（5）AGND（模拟地）与 DGND（数字地）应接在一起使用。

七、思考题

（1）D/A 转换器主要有哪些技术指标？

（2）在图 10-3 所示电路中，DAC0832 输出为单极性电压，若要得到双极性电压输出应怎样连接？

八、实验报告

整理实验数据，分析实验结果。

实验十一　多路智力抢答装置

一、实验目的

（1）学习数字电路中D触发器、分频电路、多谐振荡器、*CP*时钟脉冲源等单元电路的综合运用。

（2）熟悉多路智力抢答装置的工作原理。

（3）了解简单数字系统实验、调试及故障排除方法。

二、实验原理

图11-1所示为供4人用的智力抢答装置线路，用以判断抢答优先权。

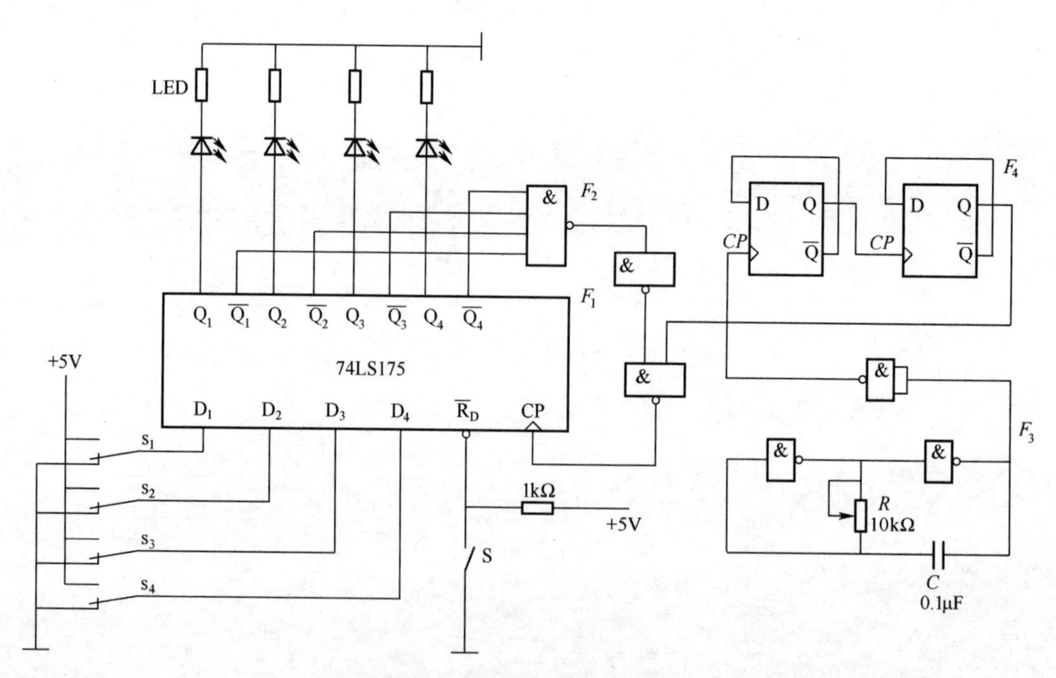

图11-1　智力抢答装置原理

图中F_1为四D触发器74LS175，它具有公共置0端和公共CP端，引脚排列见附录；F_2为双4输入与非门74LS20；F_3是由74LS00组成的多谐振荡器；F_4是由74LS74组成的四分频电路，F_3、F_4组成抢答电路中的*CP*时钟脉冲源，抢答开始时，由主持人清除信号，按下复位开关S，74LS175的输出Q_1～Q_4全为0，所有发光二极管LED均熄灭，当主持人宣布“抢答开始”后，首先作出判断的参赛者立即按下开关，对应的发光二极管点亮，同时，通过与非门F_2送出信号锁住其余3个抢答者的电路，不再接收其他信号，直到主持人再次清除信号为止。

三、实验设备与器件

（1）+5V直流电源。

（2）逻辑电平开关。

（3）逻辑电平显示器。

（4）双踪示波器。

（5）数字频率计。

（6）直流数字电压表。

（7）74LS175、74LS20、74LS74和74LS00。

四、实验内容与步骤

（1）测试各触发器及各逻辑门的逻辑功能。

（2）图11-1所示接线，抢答器5个开关接实验装置上的逻辑开关、发光二极管接逻辑电平显示器。

（3）断开抢答器电路中*CP*脉冲源电路，单独对多谐振荡器F_3及分频器F_4进行调试，调整多谐振荡器10kΩ电位器，使其输出脉冲频率约为4kHz，观察F_3及F_4输出波形及测试其频率。

（4）测试抢答器电路功能。

接通+5V电源，CP端接实验装置上连续脉冲源，取重复频率约1kHz。

1）抢答开始前，开关S_1、S_2、S_3、S_4均置“0”，准备抢答，将开关S置“0”，发光二极管全熄灭，再将S置“1”。抢答开始，S_1、S_2、S_3、S_4某一开关置“1”，观察发光二极管的亮、灭情况，然后再将其他3个开关中任一个置“1”，观察发光二极管的亮、灭有无改变。

2）重复1）的内容，改变S_1、S_2、S_3、S_4任一个开关状态，观察抢答器的工作情况。

3）整体测试。断开实验装置上的连续脉冲源，接入F_3及F_4，再进行实验。

五、实验预习要求

若在图11-1所示电路中加一个计时功能，要求计时电路显示时间精确到秒，最多限制为2min，一旦超出限时，则取消抢答权，电路如何改进？

六、实验报告

（1）分析智力抢答装置各部分功能及工作原理。

（2）总结数字系统的设计、调试方法。

（3）分析实验中出现的故障及解决办法。

实验十二　数字电子秒表

一、实验目的

（1）学习数字电路中 JK 触发器、时钟发生器及计数、译码显示等单元电路的综合应用。

（2）学习电子秒表的调试方法。

二、实验原理

图 12-1 所示为电子秒表的原理图。按功能可分成 3 个单元电路进行分析。

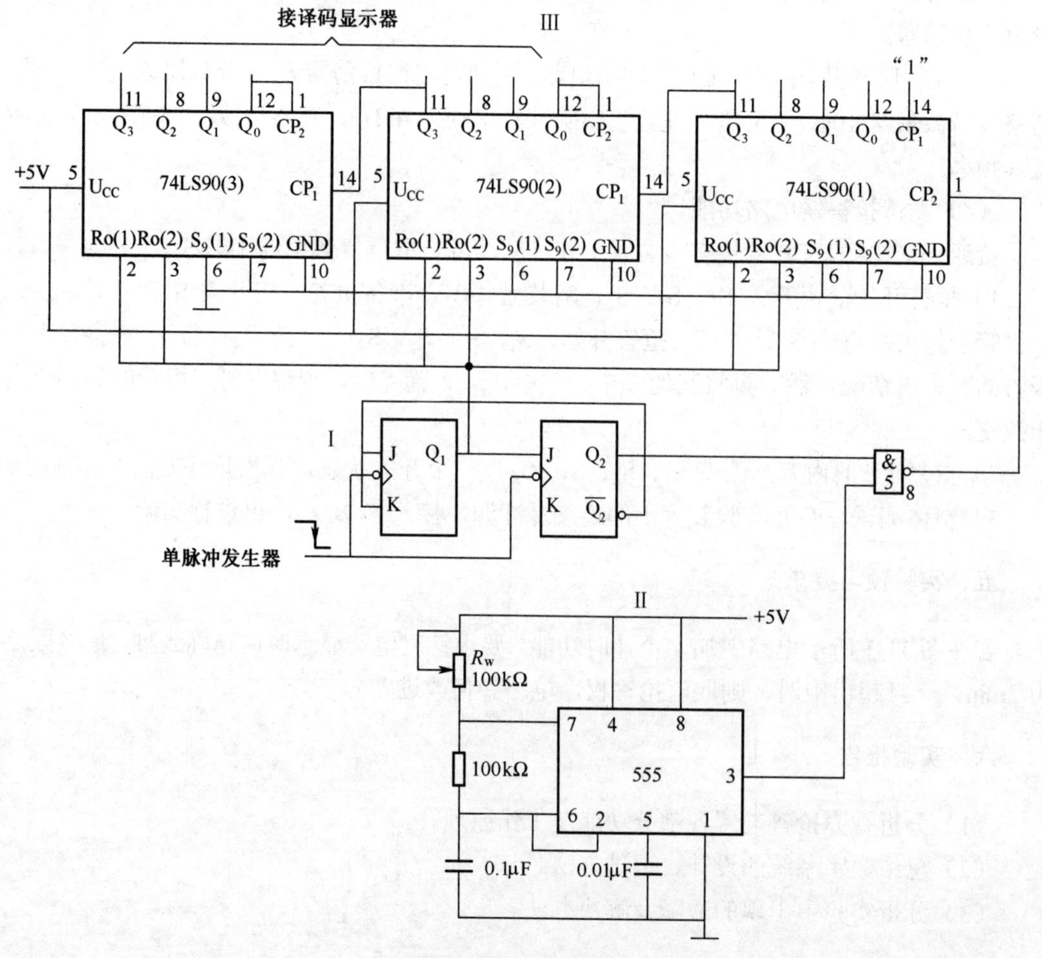

图 12-1　电子秒表原理

1. 控制电路

图 12-1 中单元Ⅰ为用集成 JK 触发器组成的控制电路为三进制计数器，图 12-2 所示为三进制计数器的状态转换图。其中，00 状态为电子秒表保持状态；01 状态为电子秒表清零状态；10 状态为电子秒表计数状态。

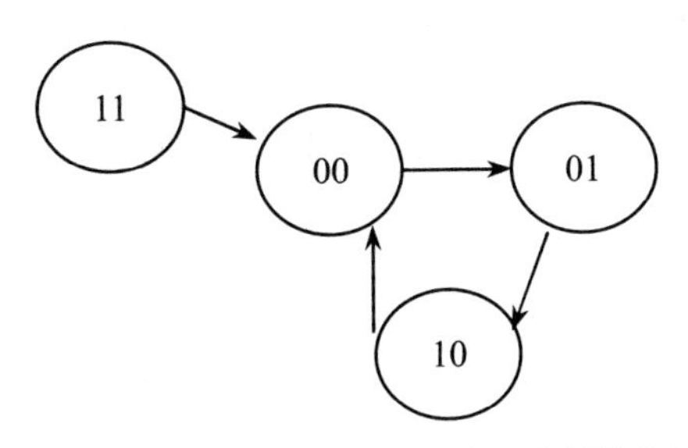

图 12-2　JK 触发器组成的三进制状态转换

JK 触发器在电子秒表中的职能是为计数器提供清零信号和计数信号。

注意：调试的时候先对 JK 触发器清零。

2. 时钟发生器

图 12-1 中单元Ⅱ为用 555 定时器构成的多谐振荡器，是一种性能较好的时钟源。调节电位器 R_W，使在输出端 3 获得频率为 50Hz 的矩形波信号，当 JK 触发器 Q_2=1 时，门 5 开启，此时 50Hz 脉冲信号通过门 5 作为计数脉冲加于计数器 1 脚的计数输入端 CP_2。

3. 计数及译码显示

二－五－十进制加法计数器 74LS90 构成电子秒表的计数单元，如图 12-1 中单元Ⅲ所示。其中计数器（1）接成五进制形式，对频率为 50Hz 的时钟脉冲进行五分频，在输出端 Q_3 取得周期为 0.1s 的矩形脉冲，作为计数器（2）的时钟输入。计数器（2）及计数器（3）接成 8421 码十进制形式，其输出端与实验装置上译码显示单元的相应输入端连接，可显示 0.1～0.9s、1～9.9s 计时。

注：集成异步计数器 74LS90。

74LS90 是异步二－五－十进制加法计数器，它既可以作二进制加法计数器，又可以作五进制和十进制加法计数器。

图 12-3 所示为 74LS90 引脚排列，表 12-1 所示为功能表。

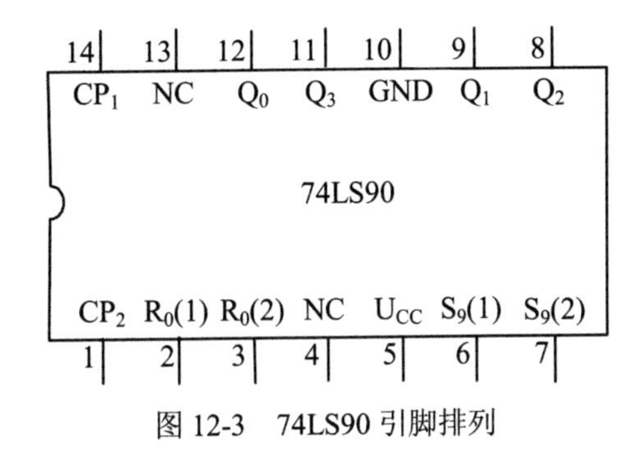

图 12-3　74LS90 引脚排列

表 12-1 74LS90 功能表

<table>
<tr><th colspan="6">输入</th><th colspan="4">输出</th><th rowspan="3">功能</th></tr>
<tr><th colspan="2">清零</th><th colspan="2">置 9</th><th colspan="2">时钟</th><th rowspan="2">Q_3</th><th rowspan="2">Q_2</th><th rowspan="2">Q_1</th><th rowspan="2">Q_0</th></tr>
<tr><th colspan="2">$R_0(1)$、$R_0(2)$</th><th colspan="2">$S_9(1)$、$S_9(2)$</th><th>CP_1</th><th>CP_2</th></tr>
<tr><td>1</td><td>1</td><td>0
×</td><td>×
0</td><td>×</td><td>×</td><td>0</td><td>0</td><td>0</td><td>0</td><td>清零</td></tr>
<tr><td>0
×</td><td>×
0</td><td>1</td><td>1</td><td>×</td><td>×</td><td>1</td><td>0</td><td>0</td><td>1</td><td>置 9</td></tr>
<tr><td rowspan="5">0
×</td><td rowspan="5">×
0</td><td rowspan="5">0
×</td><td rowspan="5">×
0</td><td>↓</td><td>1</td><td colspan="4">Q_0 输出</td><td>二进制计数</td></tr>
<tr><td>1</td><td>↓</td><td colspan="4">$Q_3Q_2Q_1$ 输出</td><td>五进制计数</td></tr>
<tr><td>↓</td><td>Q_A</td><td colspan="4">$Q_3Q_2Q_1Q_0$ 输出 8421BCD 码</td><td>十进制计数</td></tr>
<tr><td>Q_D</td><td>↓</td><td colspan="4">$Q_0Q_3Q_2Q_1$ 输出 5421BCD 码</td><td>十进制计数</td></tr>
<tr><td>1</td><td>1</td><td colspan="4">不变</td><td>保持</td></tr>
</table>

通过不同的连接方式，74LS90 可以实现 4 种不同的逻辑功能；而且还可借助 $R_0(1)$、$R_0(2)$对计数器清零，借助 $S_9(1)$、$S_9(2)$将计数器置 9。其具体功能详述如下。

（1）计数脉冲从 CP_1 输入，Q_0 作为输出端，为二进制计数器。

（2）计数脉冲从 CP_2 输入，$Q_3Q_2Q_1$ 作为输出端，为异步五进制加法计数器。

（3）若将 CP_2 和 Q_0 相连，计数脉冲由 CP_1 输入，Q_3、Q_2、Q_1、Q_0 作为输出端，则构成异步 8421 码十进制加法计数器。

（4）若将 CP_1 与 Q_3 相连，计数脉冲由 CP_2 输入，Q_0、Q_3、Q_2、Q_1 作为输出端，则构成异步 5421 码十进制加法计数器。

（5）清零、置 9 功能。

1）步清零。当 $R_0(1)$、$R_0(2)$均为“1”；$S_9(1)$、$S_9(2)$中有“0”时，实现异步清零功能，即 $Q_3Q_2Q_1Q_0$=0000。

2）置 9 功能。当 $S_9(1)$、$S_9(2)$均为“1”；$R_0(1)$、$R_0(2)$中有“0”时，实现置 9 功能，即 $Q_3Q_2Q_1Q_0$=1001。

三、实验设备

（1）+5V 直流电源。

（2）双踪示波器。

（3）直流数字电压表。

（4）数字频率计。

（5）单次脉冲源。

（6）连续脉冲源。

（7）逻辑电平开关。

（8）逻辑电平显示器。

（9）译码显示器。

（10）74LS00×2、555×1、74LS90×3 和 74LS112，电位器、电阻和电容若干。

四、实验内容与步骤

由于实验电路中使用器件较多，实验前必须合理安排各器件在实验装置上的位置，使电路逻辑清楚，接线较短。

实验时，应按照实验任务的次序，将各单元电路逐个进行接线和调试，即分别测试基本 RS 触发器、单稳态触发器、时钟发生器及计数器的逻辑功能，待各单元电路工作正常后，再将有关电路逐级连接起来进行测试，直到测试电子秒表整个电路的功能。

这样的测试方法有利于检查和排除故障，保证实验顺利进行。

1. 控制电路（JK 触发器）的测试

测试方法为：加 3 个单脉冲，看是否完成类似图 12-2 所示的 3 个有效状态的一次循环。

2. 时钟发生器的测试

测试方法参考实验十五，用示波器观察输出电压波形并测量其频率，调节 R_W，使输出矩形波频率为 50Hz。

3. 计数器的测试

（1）计数器（1）接成五进制形式，$R_0(1)$、$R_0(2)$、$S_9(1)$、$S_9(2)$接逻辑开关输出插口，CP_2 接单次脉冲源，CP_1 接高电平“1”，Q_3～Q_1（Q_0 不接）接实验设备上译码显示输入端 C、B、A（D 接低电平），按表 12-1 所示测试其逻辑功能，记录之。

（2）计数器（2）及计数器（3）接成 8421 码十进制形式，同内容（1）进行逻辑功能测试，并记录之。

（3）将计数器（1）、（2）、（3）级联，进行逻辑功能测试，并记录之。

4. 电子秒表的整体测试

各单元电路测试正常后，按图 12-1 所示把几个单元电路连接起来，进行电子秒表的总体测试。

加 3 个单脉冲，观察是否工作在 3 个有效循环状态（清零、计数、停止）。

注意：3 个有效循环状态的顺序不能错。

5. 电子秒表准确度的测试

利用电子钟或手表的秒计时对电子秒表进行校准。

五、预习报告

（1）复习数字电路中 JK 触发器、时钟发生器及计数器等部分内容。

（2）除了本实验中所采用的时钟源外，选用另外两种不同类型的时钟源，可供本实验用。画出电路图，选取元器件。

（3）列出电子秒表单元电路的测试表格。

（4）列出调试电子秒表的步骤。

六、实验报告

（1）总结电子秒表整个调试过程。

（2）分析调试中发现的问题及故障排除方法。

实验十三　拔河游戏机

一、实验任务

给定实验设备和主要元器件，按照电路的各部分组合成一个完整的拔河游戏机。

（1）拔河游戏机需用 15 个（或 9 个）发光二极管排列成一行，开机后只有中间一个点亮，以此作为拔河的中心线，游戏双方各持一个按键，迅速地、不断地按动产生脉冲，谁按得快，亮点向谁的方向移动，每按一次，亮点移动一次。移到任一方终端二极管点亮，这一方就得胜，此时双方按键均无作用，输出保持，只有经复位后才使亮点恢复到中心线。

（2）显示器显示胜者的盘数。

二、实验电路

（1）实验电路框图如图 13-1 所示。

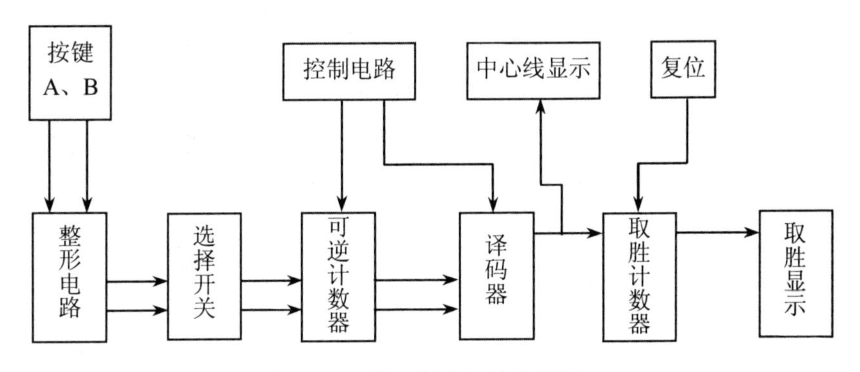

图 13-1　拔河游戏机线路框图

（2）整机线路见图 13-2。

三、实验设备及元器件

（1）+5V 直流电源。

（2）译码显示器。

（3）逻辑电平开关。

（4）CC4514（4 线-16 线译码/分配器）、CC40193（同步递增/递减二进制计数器）、CC4518（十进制计数器）、CC4081（与门）、CC4011×3（与非门）、CC4030（异或门）和电阻 1kΩ×4。

四、设计步骤

图 13-2 所示为拔河游戏机整机线路图。可逆计数器 CC40193 原始状态输出 4 位二进

制数 0000，经译码器输出使中间的一只发光二极管点亮。当按动 A、B 两个按键时，分别产生两个脉冲信号，经整形后分别加到可逆计数器上，可逆计数器输出的代码经译码器译码后驱动发光二极管点亮并产生位移，当亮点移到任何一方终端后，由于控制电路的作用，使这一状态被锁定，而对输入脉冲不起作用。如按动复位键，亮点又回到中点位置，比赛又可重新开始。

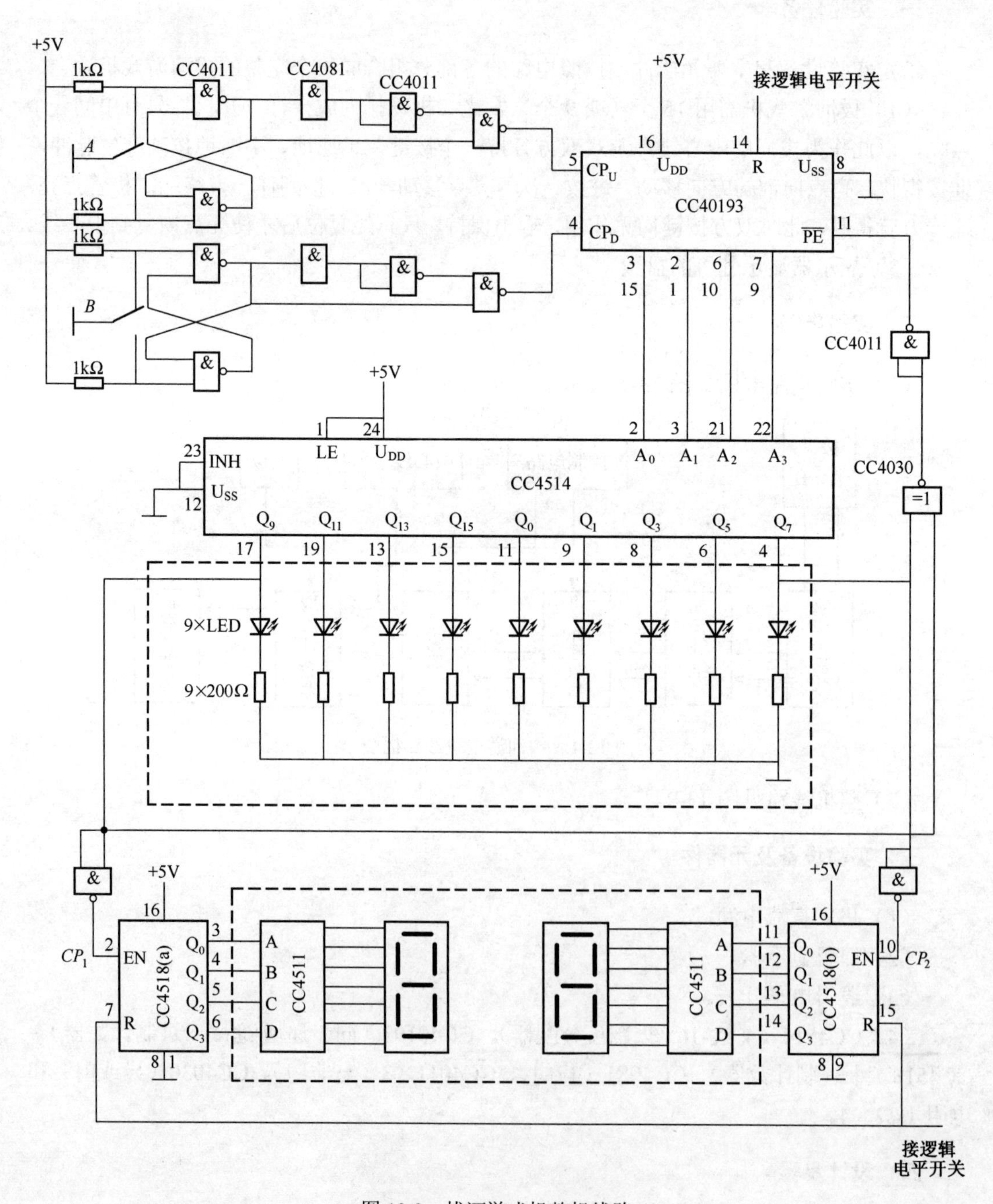

图 13-2 拔河游戏机整机线路

将双方终端二极管的正端分别经两个与非门后接至两个十进制计数器 CC4518 的允许控制端 EN，当任一方取胜，该方终端二极管点亮，产生一个下降沿使其对应的计数器计数。这样，计数器的输出即显示了胜者取胜的盘数。

1. 编码电路

编码器有两个输入端，4 个输出端，要进行加/减计数，因此选用 CC40193 双时钟二进制同步加/减计数器来完成。

2. 整形电路

CC40193 是可逆计数器，控制加减的 *CP* 脉冲分别加至 5 脚和 4 脚，此时当电路要求进行加法计数时，减法输入端 CP_D 必须接高电平；进行减法计数时，加法输入端 CP_U 也必须接高电平，若直接由 *A*、*B* 键产生的脉冲加到 5 脚或 4 脚，那么就有很多时机在进行计数输入时另一计数输入端为低电平，使计数器不能计数，双方按键均失去作用，拔河比赛不能正常进行。加一整形电路，使 *A*、*B* 两键出来的脉冲经整形后变为一个占空比很大的脉冲，这样就减少了进行某一计数时另一计数输入为低电平的可能性，从而使每按一次键都有可能进行有效的计数。整形电路由与门 CC4081 和与非门 CC4011 实现。

3. 译码电路

选用 4 线-16 线 CC4514 译码器。译码器的输出 Q_0～Q_{14} 分接 15 个（或 9 个）个发光二极管，二极管的负端接地，而正端接译码器。这样，当输出为高电平时发光二极管点亮。

比赛准备，译码器输入为 0000，Q_0 输出为“1”，中心处二极管首先点亮，当编码器进行加法计数时亮点向右移，进行减法计数时亮点向左移。

4. 控制电路

为指示出谁胜谁负，需用一个控制电路。当亮点移到任何一方的终端时，判该方为胜，此时双方的按键均宣告无效。此电路可用异或门 CC4030 和非门 CC4011 来实现。将双方终端二极管的正极接至异或门的两个输入端，当获胜一方为“1”，而另一方则为“0”，异或门输出为“1”，经非门产生低电平“0”，再送到 CC40193 计数器的置数端 $\overline{PE}$，于是计数器停止计数，处于预置状态，由于计数器数据端 *A*、*B*、*C*、*D* 和输出端 Q_0、Q_1、Q_2、Q_3 对应相连，输入也就是输出，从而使计数器对输入脉冲不起作用。

5. 胜负显示

将双方终端二极管正极经非门后的输出分别接到两个 CC4518 计数器的 *EN* 端，CC4518 的两组 4 位 BCD 码分别接到实验装置的两组译码显示器的 *A*、*B*、*C*、*D* 插口处。当一方取胜时，该方终端二极管发亮，产生一个上升沿，使相应的计数器进行加 1 计数，于是就得到了双方取胜次数的显示，若 1 位数不够，则进行二位数的级联。

6. 复位

为能进行多次比赛而需要进行复位操作，使亮点返回中心点，可用一个逻辑电平开关控制 CC40193 的清零端 R 即可。

胜负显示器的复位也应用一个逻辑电平开关来控制胜负计数器 CC4518 的清零端 R，使其重新计数。

五、实验报告

讨论实验结果，总结实验收获。

（1）CC40193 同步递增/递减二进制计数器引脚排列如图 13-3 所示，其功能如表 13-1 所示。

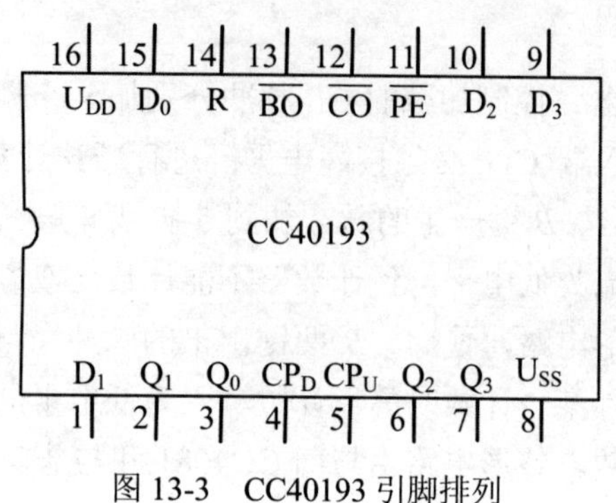

图 13-3 CC40193 引脚排列

$\overline{PE}$：置数端。

R：清除端。

CP_U：加计数端。

CP_D：减计数端。

$\overline{CO}$：非同步进位输出端。

$\overline{BO}$：非同步借位输出端。

D_0、D_1、D_2、D_3：并行数据输入端。

Q_0、Q_1、Q_2、Q_3：数据输出端。

表 13-1 CC40193 功能表

输入								输出			
R	$\overline{PE}$	CP_U	CP_D	D_3	D_2	D_1	D_0	Q_3	Q_2	Q_1	Q_0
1	×	×	×	×	×	×	×	0	0	0	0
0	0	×	×	d	c	b	a	d	c	b	a
0	1	↑	1	×	×	×	×	加计数			
0	1	1	↑	×	×	×	×	减计数			

（2）CC4514 4 线-16 线译码器引脚排列如图 13-4 所示，其功能如表 13-2 所示。

表 13-2　CC4514 功能表

输入						高电平输出端	输入						高电平输出端
LE	*INH*	A_3	A_2	A_1	A_0		*LE*	*INH*	A_3	A_2	A_1	A_0	
1	0	0	0	0	0	Y_0	1	0	1	0	0	1	Y_9
1	0	0	0	0	1	Y_1	1	0	1	0	1	0	Y_{10}
1	0	0	0	1	0	Y_2	1	0	1	0	1	1	Y_{11}
1	0	0	0	1	1	Y_3	1	0	1	1	0	0	Y_{12}
1	0	0	1	0	0	Y_4	1	0	1	1	0	1	Y_{13}
1	0	0	1	0	1	Y_5	1	0	1	1	1	0	Y_{14}
1	0	0	1	1	0	Y_6	1	0	1	1	1	1	Y_{15}
1	0	0	1	1	1	Y_7	1	1	×	×	×	×	无
1	0	1	0	0	0	Y_8	0	0	×	×	×	×	①

①输出状态锁定在上一个 *LE*=“1”时，A_0～A_3 的输入状态。

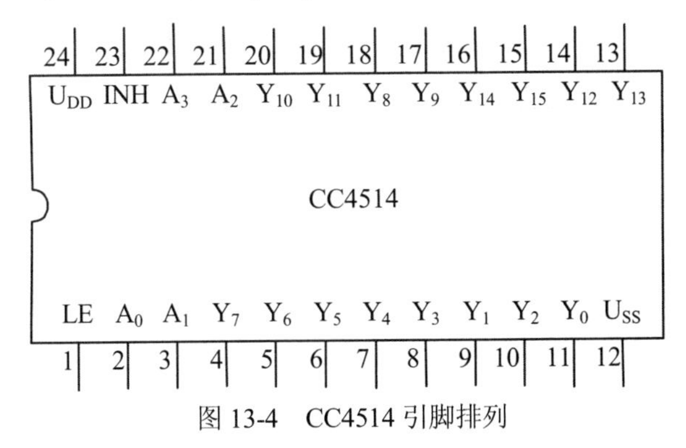

图 13-4　CC4514 引脚排列

A_0～A_3：地址输入端。

INH：输出禁止控制端。

LE：数据锁存控制端。

Y_0～Y_{15}：数据输出端。

（3）CC4518 双十进制同步计数器引脚排列如图 13-5 所示，其功能如表 13-3 所示。

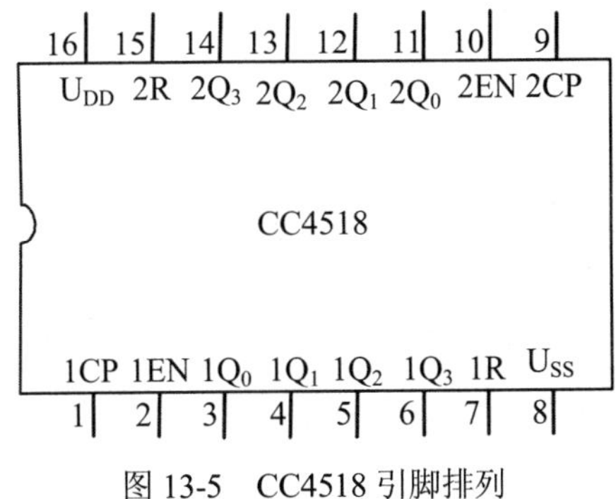

图 13-5　CC4518 引脚排列

1CP、2CP：时钟输入端。

1R、2R：清除端。

1EN、2EN：计数允许控制端。

$1Q_0$～$1Q_3$：计数器输出端。

$2Q_0$～$2Q_3$：计数器输出端。

表 13-3 CC4518 功能表

输入			输出功能
CP	*R*	*EN*	
↑	0	1	加计数
0	0	↓	加计数
↓	0	×	保持
×	0	↑	
↑	0	0	
1	0	↓	
×	1	×	全部为“0”

实验十四　随机存取存储器 2114A 及其应用

一、实验目的

了解集成随机存取存储器 2114A 的工作原理，通过实验熟悉其工作特性、使用方法及其应用。

二、实验原理

1. 随机存取存储器

随机存取存储器（RAM），又称读写存储器，它能存储数据、指令、中间结果等信息。在该存储器中，任何一个存储单元都能以随机次序迅速地存入（写入）信息或取出（读出）信息。随机存取存储器具有记忆功能，但停电（断电）后，所存储的信息（数据）会消失，不利于数据的长期保存，所以多用于中间过程暂存信息。

（1）RAM 的结构和工作原理。图 14-1 是 RAM 的基本结构，它主要由存储单元矩阵、地址译码器和读/写控制电路这 3 部分组成。

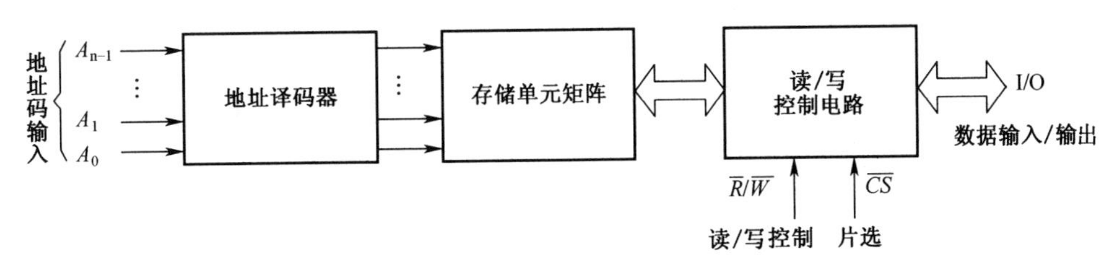

图 14-1　RAM 的基本结构

1）存储单元矩阵。存储单元矩阵是 RAM 的主体，一个 RAM 由若干个存储单元组成，每个存储单元可存放 1 位二进制数或 1 位二元代码。为了存取方便，通常将存储单元设计成矩阵形式，所以称为存储矩阵。存储器中的存储单元越多，存储的信息就越多，表示该存储器容量就越大。

2）地址译码器。为了对存储矩阵中的某个存储单元进行读出或写入信息，必须首先对每个存储单元的所在位置（地址）进行编码，然后当输入一个地址码时，就可利用地址译码器找到存储矩阵中相应的一个（或一组）存储单元，以便通过读/写控制，对选中的一个（或一组）单元进行读出或写入信息。

3）片选与读/写控制电路。由于集成度的限制，大容量的 RAM 往往由若干片 RAM 组成。当需要对某一个（或一组）存储单元进行读出或写入信息时，必须首先通过片选 $\overline{CS}$，选中某一片（或几片），然后利用地址译码器才能找到对应的具体存储单元，以便读/写控制信号对该片（或几片）RAM 的对应单元进行读出或写入信息操作。

除了上面介绍的 3 个主要部分外，RAM 的输出常采用三态门作为输出缓冲电路。

MOS 工艺的随机存储器有动态 RAM（DRAM）和静态 RAM（SRAM）两类。DRAM 靠存储单元中的电容暂存信息，由于电容上的电荷要泄漏，故需定时充电（通称刷新），SRAM 的存储单元是触发器，记忆时间不受限制，无需刷新。

（2）2114A 静态随机存取存储器。2114A 是一种 1024 字×4 位的静态随机存取存储器，采用 HMOS 工艺制作，它的逻辑框图、引脚排列及逻辑符号如图 14-2 所示，表 14-1 是引出端功能表。

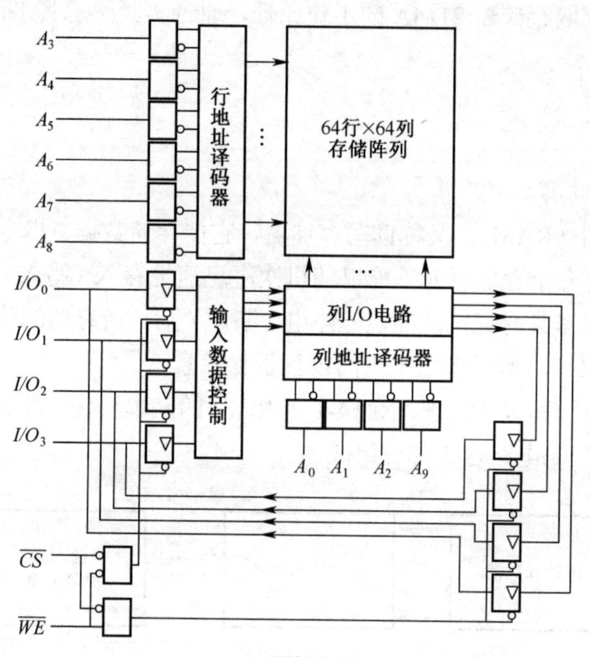

（a）逻辑框图

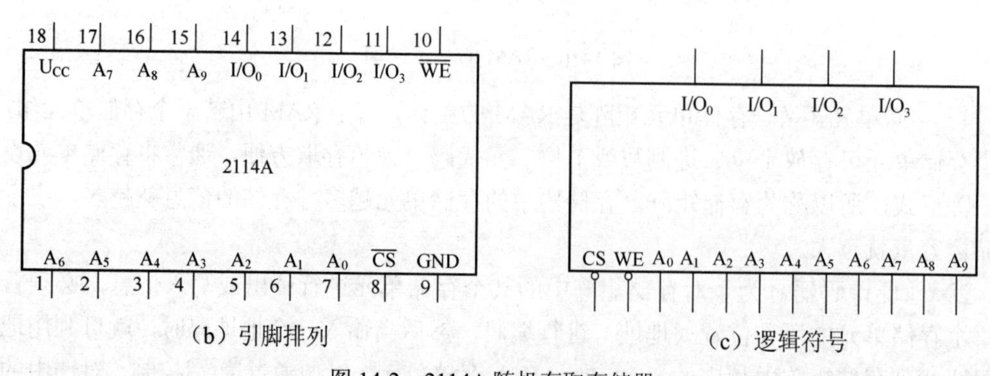

（b）引脚排列　　（c）逻辑符号

图 14-2　2114A 随机存取存储器

表 14-1　2114A 引出端功能

端名	功能
A_0～A_9	地址输入端
$\overline{WE}$	写选通

续表

端名	功能
$\overline{CS}$	芯片选择
I/O_0～I/O_3	数据输入/输出端
U_{CC}	+5V

其中，有 4096 个存储单元排列成 64×64 矩阵。采用两个地址译码器，行译码（A_3～A_8）输出 X_0～X_{63}，从 64 行中选择指定的一行，列译码（A_0、A_1、A_2、A_9）输出 Y_0～Y_{15}，再从已选定的一行中选出 4 个存储单元进行读/写操作。I/O_0～I/O_3 既是数据输入端又是数据输出端，$\overline{CS}$ 为片选信号，$\overline{WE}$ 是写使能，控制器件的读、写操作，表 14-2 是器件的功能表。

表 14-2　2114A 功能表

地址	$\overline{CS}$	$\overline{WE}$	I/O_0～I/O_3
有效	1	×	高阻态
有效	0	1	读出数据
有效	0	0	写入数据

1）当器件要进行读操作时，首先输入要读出单元的地址码（A_0～A_9），并使 $\overline{WE}=1$，给定地址的存储单元内容（4 位）就经读/写控制传送到三态输出缓冲器，而且只能在 $\overline{CS}=0$ 时才能把读出数据送到引脚（I/O_0～I/O_3）上。

2）当器件要进行写操作时，在 I/O_0～I/O_3 端输入要写入的数据，在 A_0～A_9 端输入要写入单元的地址码，然后再使 $\overline{WE}=0$，$\overline{CS}=0$。必须注意，在 $\overline{CS}=0$ 时，$\overline{WE}$ 输入一个负脉冲，则能写入信息；同样，$\overline{WE}=0$ 时，$\overline{CS}$ 输入一个负脉冲，也能写入信息。因此，在地址码改变期间，$\overline{WE}$ 或 $\overline{CS}$ 必须至少有一个为 1，否则会引起误写入，冲掉原来的内容。为了确保数据能可靠地写入，写脉冲宽度 t_{WP} 不得小于手册所规定的时间区间，当写脉冲结束时，就标志这次写操作结束。

2114A 具有下列特点：

① 采用直接耦合的静态电路，不需要时钟信号驱动，也不需要刷新。

② 不需要地址建立时间，存取特别简单。

③ 输入、输出同极性，读出是非破坏性的，使用公共的 I/O 端，能直接与系统总线相连接。

④ 使用单电源+5V 供电，输入/输出与 TTL 电路兼容，输出能驱动一个 TTL 门和 C_L=100pF 的负载（I_{oL}≈2.1～6mA、I_{oH}≈-1.0～-1.4mA）。

⑤ 具有独立的选片功能和三态输出。

⑥ 器件具有高速与低功耗性能。

⑦ 读/写周期均小于 250ns。

随机存取存储器种类很多，2114A 是一种常用的静态存储器，是 2114 的改进型。实验中也可以使用其他型号的随机存储器。如 6116，是一种使用较广的 2048×8 的静态随机存取存储器，它的使用方法与 2114A 相似，仅多了一个 $\overline{DE}$ 输出使能端，当 $\overline{DE}=0$、$\overline{CS}=0$、$\overline{WE}=1$时，读出存储器内信息；在 $\overline{DE}=1$、$\overline{CS}=0$、$\overline{WE}=0$时，则把信息写入存储器。

2. 只读存储器

只读存储器（ROM），只能进行读出操作，不能写入数据。

只读存储器可分为固定内容只读存储器 ROM、可编程只读存储器 PROM 和可擦编程只读存储器 EPROM 三大类，可擦编程只读存储器又分为紫外光擦除可编程 EPROM、电可擦编程 E^2PROM 和电改写编程 EAPROM 等种类。由于 E^2PROM 的改写编程更方便，所以深受用户欢迎。

（1）固定内容只读存储器。

ROM 的结构与随机存取存储器（RAM）相似，主要由地址译码器和存储单元矩阵组成，不同之处是 ROM 没有写入电路。在 ROM 中，地址译码器构成一个与门阵列，存储矩阵构成一个或门阵列。输入地址码与输出之间的关系是固定不变的，出厂前厂家已采用掩膜编程的方法将存储矩阵中的内容固定，用户无法更改，所以只要给定一个地址码，就有一个相应的固定数据输出。ROM 往往还有附加的输入驱动器和输出缓冲电路。

（2）可擦编程只读存储（EPROM）。

可编程 PROM 只能进行一次编程，一经编程后，其内容就是永久性的，无法更改，用户进行设计时，常常带来很大风险，而 EPROM（或称可再编程只读存储器（RPROM）），可多次将存储器的存储内容擦去，再写入新的信息。

EPROM 可多次编程，但每次再编程写入新的内容之前，都必须采用紫外光照射以擦除存储器中原有的信息，给用户带来了一些麻烦。而另一种电可擦编程只读存储器（E^2PROM），它的编程和擦除是同时进行的，因此每次编程，就以新的信息代替原来存储的信息。特别是一些 E^2PROM 可在工作电压下进行随时改写，该特点类似随机存取存储器（RAM）的功能，只是写入时间长些（大约 20ms）。断电后，写入 E^2PROM 中的信息可长期保持不变。这些优点使得 E^2PROM 广泛用于设计产品开发，特别是现场实时检测和记录，因此 E^2PROM 备受用户的青睐。

3. 用 2114A 静态随机存取存储器实现数据的随机存取及顺序存取

图 14-3 所示为电路原理，为实验接线方便，又不影响实验效果，2114A 中地址输入端保留前 4 位（A_0～A_3），其余输入端（A_4～A_9）均接地。

（1）用 2114A 实现静态随机存取。

如图 14-3 中单元Ⅲ。

电路由 3 部分组成：① 由与非门组成的基本 RS 触发器与反相器，控制电路的读/写操作；② 由 2114A 组成的静态 RAM；③ 由 74LS244 三态门缓冲器组成的数据输入/输出缓冲和锁存电路。

1）当电路要进行写操作时，输入要写入单元的地址码（A_0～A_3）或使单元地址处于随机状态；RS 触发器控制端 S 接高电平，触发器置“0”，Q=0、$\overline{EN}_A=0$，打开了输入三态门缓冲器 74LS244，要写入的数据（a、b、c、d）经缓冲器送至 2114A 的输入端（I/O_0～

I/O_3）。由于此时$\overline{CS}=0$，$\overline{WE}=0$，因此便将数据写入了 2114A 中，为了确保数据能可靠地写入，写脉冲宽度 t_{WP} 不得小于手册所规定的时间区间。

2）当电路要进行读操作时，输入要读出单元的地址码（保持写操作时的地址码）；RS 触发器控制端 S 接低电平，触发器置“1”，$Q=1$，$\overline{EN}_B=0$，打开了输出三态门缓冲器 74LS244。由于此时$\overline{CS}=0$，$\overline{WE}=1$，要读出的数据（a、b、c、d）便由 2114A 内经缓冲器送至 A、B、C、D 输出，并在译码器上显示出来。

注：如果是随机存取，可不必关注 A_0～A_3（或 A_0～A_9）地址端的状态，A_0～A_3（或 A_0～A_9）可以是随机的，但在读/写操作中要保持一致性。

（2）2114A 实现静态顺序存取。

如图 14-3 所示，电路由 3 部分组成。单元Ⅰ：由 74LS148 组成的 8 线-3 线优先编码电路，主要是将 8 位的二进制指令进行编码形成 8421 码；单元Ⅱ：由 74LS161 二进制同步加法计数器组成的取址、地址累加等功能；单元Ⅲ：由基本 RS 触发器、2114A、74LS244 组成的随机存取电路。

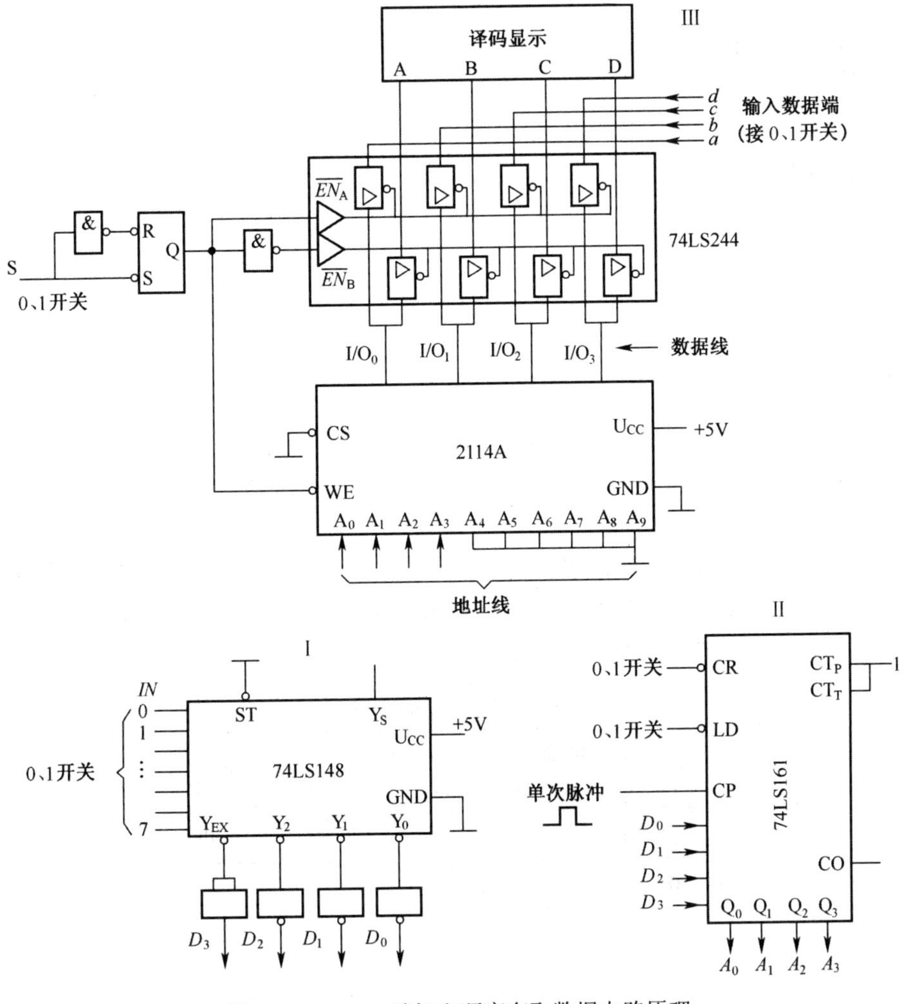

图 14-3 2114A 随机和顺序存取数据电路原理

由 74LS148 组成优先编码电路，将 8 位（IN_0～IN_7）二进制指令编成 8421 码（D_0～D_3）输出，是以反码的形式出现的，因此输出端加了非门求反。

1）写入。令二进制计数器 74LS161 中 $\overline{CR}=0$，则该计数器输出清零，清零后置 $\overline{CR}=1$；令 $\overline{LD}=0$，加 CP 脉冲，通过并行送数法将 D_0～D_3 赋值给 A_0～A_3，形成地址初始值，送数完成后置 $\overline{LD}=1$。74LS161 为二进制加法计数器，随着每来一个 CP 脉冲，计数器输出将加 1，也即地址码将加 1，逐次输入 CP 脉冲，地址会以此累计形成一组单元地址；操作随机存取部分电路使之处于写入状态，改变数据输入端的数据 a、b、c、d，便可按 CP 脉冲所给地址依次写入一组数据。

2）读出。给 74LS161 输出清零，通过并行送数法将 D_0～D_3 赋值给（A_0～A_3），形成地址初始值，逐次送入单次脉冲，地址码累计形成一组单元地址；操作随机存取部分电路使之处于读出状态，便可按 CP 脉冲所给地址依次读出一组数据，并在译码显示器上显示出来。

三、实验设备与器件

（1）+5 直流电源。

（2）连续脉冲源。

（3）单次脉冲源。

（4）逻辑电平显示器。

（5）逻辑电平开关（0、1 开关）。

（6）译码显示器。

（7）2114A、74LS161、74LS148、74LS244、74LS00 和 74LS04。

四、实验内容与步骤

按图 14-3 所示接好实验线路，先断开各单元间连线。

1. 2114 实现静态随机存取

线路如图 14-3 中单元Ⅲ所示。

（1）写入。输入要写入单元的地址码及要写入的数据；再操作基本 RS 触发器控制端 S，使 2114A 处于写入状态，即 $\overline{CS}=0$、$\overline{WE}=0$、$\overline{EN}_A=0$，则数据便写入了 2114A 中，选取 3 组地址码及 3 组数据，记入表 14-3 中。

表 14-3　数据记录表

$\overline{WE}$	地址码（A_0～A_3）	数据（a、b、c、d）	2114A
0			
0			
0			

（2）读出。输入要读出单元的地址码；再操作基本 RS 触发器 S 端，使 2114A 处于读

出状态，即 $\overline{CS}=0$、$\overline{WE}=1$、$\overline{EN}_A=0$（保持写入时的地址码），要读出的数据便由数显显示出来，记入表 14-4 中，并与表 14-3 所填数据进行比较。

表 14-4　数据记录表

$\overline{WE}$	地址码（A_0～A_3）	数据（a、b、c、d）	2114A
1			
1			
1			

2. 2114A 实现静态顺序存取

连接好图 14-3 中各单元间连线。

（1）顺序写入数据。

假设 74LS148 的 8 位输入指令中，$IN_1=0$、$IN_0=1$、IN_2～$IN_7=1$，经过编码得 $D_0D_1D_2D_3=1000$，这个值送至 74LS161 输入端；给 74LS161 输出清零，清零后用并行送数法，将 $D_0D_1D_2D_3=1000$ 赋值给 $A_0A_1A_2A_3=1000$，作为地址初始值；随后操作随机存取电路，使之处于写入状态。至此，数据便写入了 2114A 中，如果相应的输入几个单次脉冲，改变数据输入端的数据，则能依次地写入一组数据，记入表 14-5 中。

表 14-5　数据记录表

CP 脉冲	地址码（A_0～A_3）	数据（a、b、c、d）	2114A
↑	1000		
↑	0100		
↑	1100		

（2）顺序读出数据。

给 74LS161 输出清零，用并行送数法，将原有的 $D_0D_1D_2D_3=1000$ 赋值给 $A_0A_1A_2A_3$，操作随机存取电路使之处于读状态。连续输入几个单次脉冲，则依地址单元读出一组数据，并在译码显示器上显示出来，记入表 14-6 中，并比较写入与读出数据是否一致。

表 14-6　数据记录表

CP 脉冲	地址码（A_0～A_3）	数据（a、b、c、d）	2114A	显示
↑	1000			
↑	0100			
↑	1100			

五、实验预习要求

（1）复习随机存储器 RAM 和只读储器 ROM 的基本工作原理。

（2）查阅 2114A、74LS161、74LS148 的有关资料，熟悉其逻辑功能及引脚排列。

（3）2114A 有 10 个地址输入端，实验中仅变化其中一部分，对于其他不变化的地址输入端应该如何处理？

（4）为什么静态 RAM 无需刷新，而动态 RAM 需要定期刷新？

六、实验报告

记录电路检测结果，并对结果进行分析。注：

（1）74LS148　8 线-3 线优先编码器的引脚排列如图 14-4 所示，其功能如表 14-7 所示。

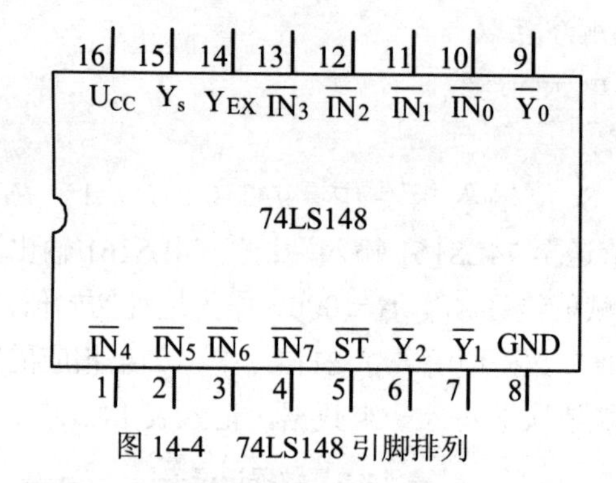

图 14-4　74LS148 引脚排列

$\overline{IN}_0 \sim \overline{IN}_7$：编码输入端（低电平有效）。

$\overline{ST}$：选通输入端（低电平有效）。

$\overline{Y}_0 \sim \overline{Y}_2$：编码输出端（低电平有效）。

表 14-7　74LS148 功能表

输入									输出				
$\overline{ST}$	$\overline{IN}_0$	$\overline{IN}_1$	$\overline{IN}_2$	$\overline{IN}_3$	$\overline{IN}_4$	$\overline{IN}_5$	$\overline{IN}_6$	$\overline{IN}_7$	$\overline{Y}_2$	$\overline{Y}_1$	$\overline{Y}_0$	$\overline{Y}_{EX}$	Y_S
1	×	×	×	×	×	×	×	×	1	1	1	1	1
0	1	1	1	1	1	1	1	1	1	1	1	1	0
0	×	×	×	×	×	×	×	0	0	0	0	0	1
0	×	×	×	×	×	×	0	1	0	0	1	0	1
0	×	×	×	×	×	0	1	1	0	1	0	0	1
0	×	×	×	×	0	1	1	1	0	1	1	0	1
0	×	×	×	0	1	1	1	1	1	0	0	0	1
0	×	×	0	1	1	1	1	1	1	0	1	0	1
0	×	0	1	1	1	1	1	1	1	1	0	0	1
0	0	1	1	1	1	1	1	1	1	1	1	0	1

注：$\overline{Y}_{EX}$——扩展端（低电平有效）；Y_S——选通输出端。

（2）74LS161。4 位二位进制同步计数器的引脚排如图 14-5 所示，其功能如表 14-8 所示。

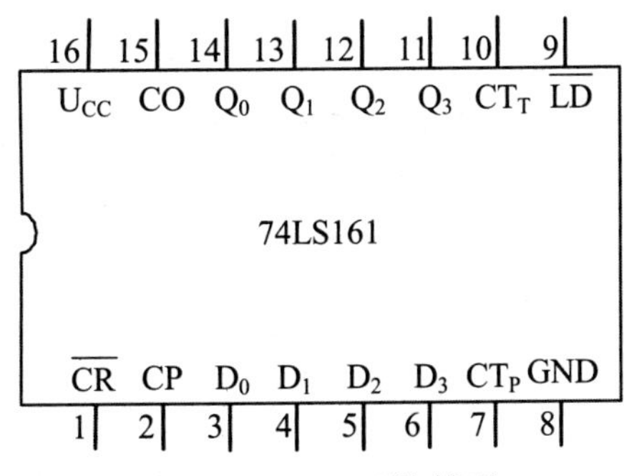

图 14-5　74LS161 引脚排列

CO：进位输出端。

CP：时钟输入端（上升沿有效）。

$\overline{CR}$：异步清除输入端（低电平有效）。

CT_P：计数控制端。

CT_T：计数控制端。

D_0～D_3：并行数据输入端。

$\overline{LD}$：同步并行置入控制端（低电平有效）。

Q_0～Q_3：数据输出端。

表 14-8　74LS161 功能表

输入									输出			
$\overline{CR}$	$\overline{LD}$	CT_P	CT_T	CP	D_0	D_1	D_2	D_3	Q_0	Q_1	Q_2	Q_3
0	×	×	×	×	×	×	×	×	0	0	0	0
1	0	×	×	↑	d_0	d_1	d_2	d_3	d_0	d_1	d_2	d_3
1	1	1	1	↑	×	×	×	×	计数			
1	1	0	×	×	×	×	×	×	保持			
1	1	×	0	×	×	×	×	×	保持			

（3）74LS244。8 缓冲器/线驱动器/线接收器的引脚排列如图 14-6 所示，其功能如表 14-9 所示。

20 19 18 17 16 15 14 13 12 11
U_{CC} $\overline{EN}_B$ 1Y 8A 2Y 7A 3Y 6A 4Y 5A
74LS244
$\overline{EN}_A$ 1A 8Y 2A 7Y 3A 6Y 4A 5Y GND
1 2 3 4 5 6 7 8 9 10

图 14-6　74LS224 引脚排列

1A～8A：输入端。

$\overline{EN_A}$，$\overline{EN_S}$：三态允许端（低电平有效）。

1Y～8Y：输出端。

表 14-9 74LS244 功能表

输入		输出
$\overline{EN}$	A	Y
0	0	0
0	1	1
1	×	高阻态

（4）静态 SRAM 数据存储器介绍。

静态 RAM 具有存取速度快、使用方便等特点，但系统一旦掉电，内部所存数据便会丢失。所以，要使内部数据不丢失，必须不间断供电（断电后电池供电）。为此，多年来人们一直致力于非易失随机存取存储器（NV-SRAM）的开发，具有数据在掉电时自保护，强大的抗冲击能力，连续上电两万次数据不丢失。这种 NV-SRAM 的管脚与普通 SRAM 全兼容，目前已得到广泛应用。

常用的 SRAM 有 6116（2KB）、6264（8KB）、62256（32KB）等，其引脚排列如图 14-7 所示。

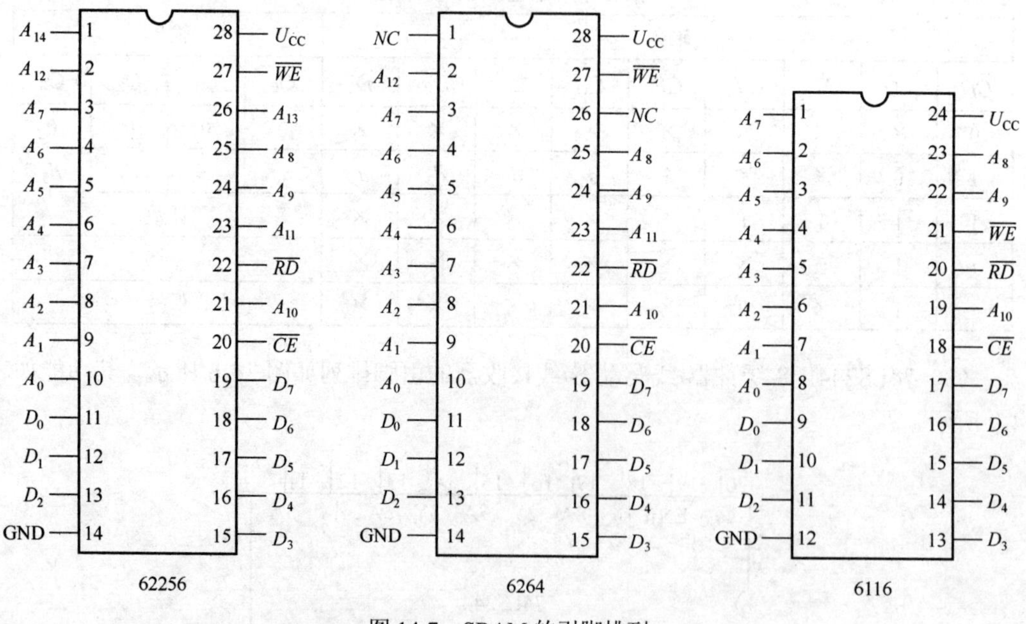

图 14-7 SRAM 的引脚排列

图中有关引脚的含义如下：

A_0～A_i：地址输入端。

D_0～D_7：双向三态数据端。

$\overline{CE}$：片选信号输入端（低电平有效）。

$\overline{RD}$：读选通信号输入端（低电平有效）。

$\overline{WE}$：写选通信号输入端（低电平有效）。

U_{CC}：工作电源+5V。

GND：地线。

常用 SRAM 的主要技术特性

型号	6116	6264	62256
容量（KB）	2	8	32
引脚数	24	28	28
工作电压（V）	5	5	5
典型工作电流（mA）	35	40	8
典型维持电流（mA）	5	2	0.9
存取时间（ns）	由产品型号而定		

常用 SRAM 操作方式

方式 \ 信号	$\overline{CE}$	$\overline{RD}$	$\overline{WE}$	$D_0 \sim D_7$
读	0	0	1	数据输出
写	0	1	0	数据输入
维持	1	×	×	高阻态

实验十五　彩灯控制器的设计

一、设计目的

（1）培养学生综合设计能力。

（2）培养学生分析问题、解决问题的能力。

二、设计要求

设计 6 种花型的 8 路彩灯控制器。8 个彩灯一字排开，彩灯的亮灭图案及顺序按下列 6 种花形进行。

（1）8 个灯全亮。

（2）8 个灯全灭。

（3）从左边第一个开始每隔一个亮。

（4）从右边第一个开始每隔一个灭。

（5）左 4 个灭，右 4 个亮。

（6）左 4 个亮，右 4 个灭。

三、设计说明

6 种花型变换由 74LS160 的低 3 位 Q_2、Q_1、Q_0 组成模 6 计数器来完成，由 Q_2、Q_1、Q_0 送入 3 线-8 线译码器（输出加“与非”门）来实现 6 个花形的 6 个状态 T_0、T_1、T_2、T_3、T_4、T_5。

彩灯的图案如表 15-1 所示。

表 15-1　6 种花型的 8 路彩灯控制器真值表

74LS160			状态	8 个彩灯							
Q_2	Q_1	Q_0	T_i	L_8	L_7	L_6	L_5	L_4	L_3	L_2	L_1
0	0	0	T_0	1	1	1	1	1	1	1	1
0	0	1	T_1	0	0	0	0	0	0	0	0
0	1	0	T_2	0	1	0	1	0	1	0	1
0	1	1	T_3	1	0	1	0	1	0	1	0
1	0	0	T_4	0	0	0	0	1	1	1	1
1	0	1	T_5	1	1	1	1	0	0	0	0

四、实验设备与器件

本实验的设备和器件如下：
实验设备：数字逻辑实验箱，逻辑笔，万用表及工具；
实验器件：74LS00、74LS160、74LS20、74LS138、555 定时器和电阻电容若干。

五、设计报告要求

（1）画出总体原理图及总电路框图。
（2）进行单元电路分析。
（3）测试结果及调试过程中所遇到的故障分析。
（4）总结数字系统的设计、调试方法。

实验十六　倒计时器的设计

倒计时器能直观显示剩余时间的长短，在科研、生产及生活中起着重要的作用。倒计时电路主要由振荡器、分频器、减 1 计数器、译码、显示及控制等电路组成。

一、设计要求

（1）显示 1 位天，2 位时，2 位分。

（2）在 0 分到 9 天内，能任意设置倒计时长短。

（3）倒计时结束，能发出告警信号（声、光）或控制信号。

（4）设计并画出整机逻辑电路及原理框图，写出调试方法以及电路是否工作正常的快速校对电路，故障分析等方面的总结报告，并画出必要的波形图。

二、说明与提示

图 16-1 所示为倒计时系统的原理框图。工作时，开启电路，先对减 1 计数器的天、时、分等各位赋初值。然后，合下开关 S，倒计时电路开始工作。随着计时的开始，显示器也显示出剩余时间的长短，当减 1 计数器各位均为 0 时，判 0 电路才输出控制信号 1，表明倒计时结束。

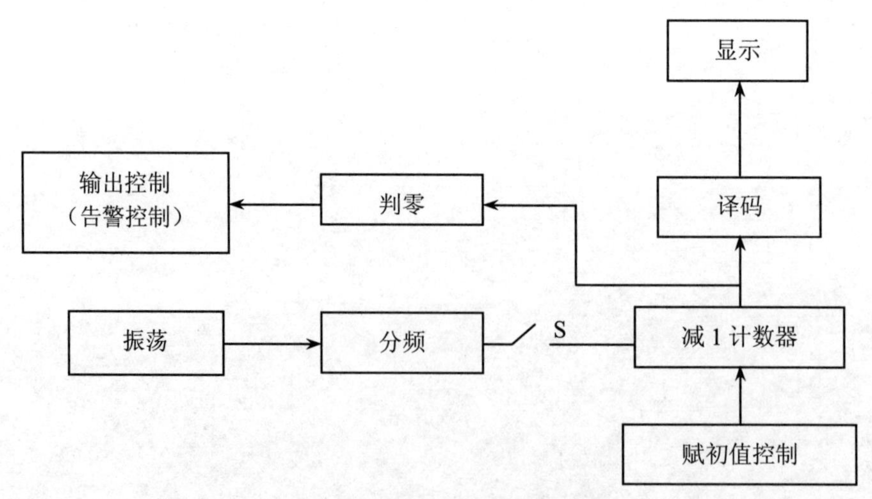

图 16-1　倒计时系统原理框图

三、实验设备与器件

本实验的设备和器件如下：

实验设备：数字逻辑实验箱，双踪示波器，逻辑笔，万用表及工具。

实验器件：74LS00、74LS30、74LS20、74LS193、74LS191、74LS48、BS201、1MHz晶体和电阻、电容若干。

四、设计报告要求

（1）画出总体原理图及总电路框图。

（2）进行单元电路分析。

（3）测试结果及调试过程中所遇到的故障分析。

实验十七　多功能流水灯的设计

一、实验目的

（1）学习数字电路中 555 定时电路、计数分频器、加减计数器、显示译码器和 D 触发器等单元电路的综合应用。

（2）通过实验掌握电子系统的设计和分析方法，能进行独立的电子系统设计并掌握基本设计思想。

二、设计要求

（1）要求彩灯具有单向流水效果。

（2）彩灯的流向可以变化：可以正向流水，也可以逆向流水；彩灯流动的方向可以手控也可以自控，自控往返变换时间为 5s。

（3）彩灯可以间歇流动，10s 间歇一次，间歇时间为 1s。

（4）彩灯的流向以人眼看清为准。

三、基本原理及参考电路图

1. 原理框图

根据设计要求，可以利用 555 定时电路组成一个多谐振荡器，发出连续脉冲作为计数器的时钟脉冲源；为了实现灯流向的可控，可以选用加/减计数器；计数器的输出接译码器以实现流水的效果。设计的原理框图如图 17-1 所示。

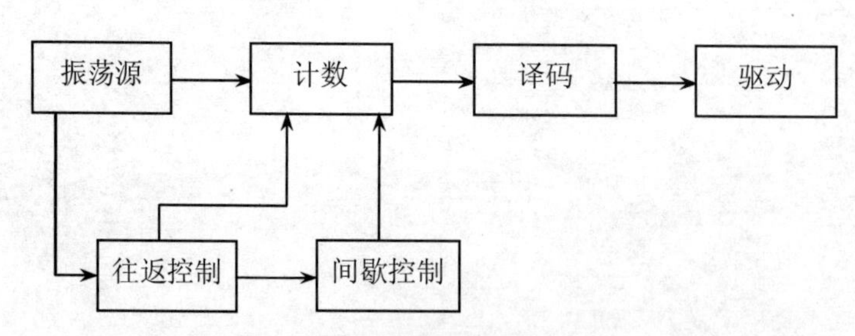

图 17-1　多功能流水灯原理框图

2. 单元电路设计

（1）多谐振荡器。

用 555 定时电路和外接元件 R_1、R_2、C 组成的多谐振荡器如图 17-2 所示。该电路产生计数器所需的时钟脉冲，其振荡周期为

$$T = 0.7(R_1 + 2R_2)C$$

为了实现人眼能分辨的灯光流水效果，必须使时钟脉冲的周期大于人眼的视觉暂留时间，即$T \geqslant 0.01\mathrm{s}$。

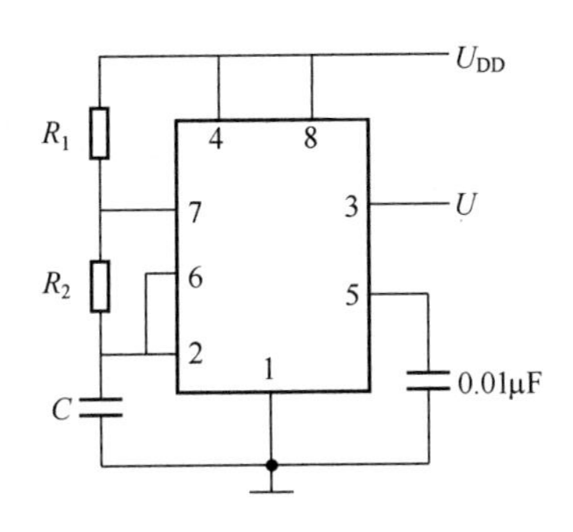

图 17-2　多谐振荡器

（2）计数及译码。

本电路选用 CC4510 可预置二-十进制加/减计数器，具有清零、预置数、保持、加计数和减计数功能，其引脚排列如图 17-3 所示，其逻辑功能表如表 17-1 所示。清零时在 R 端加高电平。当$\overline{C_i}$ 端加入低电平时计数器正常工作，$\overline{C_i}$ 端加入高电平时，计数器保持原有状态。在$\overline{C_i}$ 端加入周期性的高低电平，就能实现间歇流水灯的间歇功能。$\overline{U}/D$ 端是加/减计数控制端，当$\overline{U}/D=1$时实现加计数，$\overline{U}/D=0$时实现减计数。在$\overline{U}/D$端接入周期性的高、低电平，实现灯流方向的可逆功能。

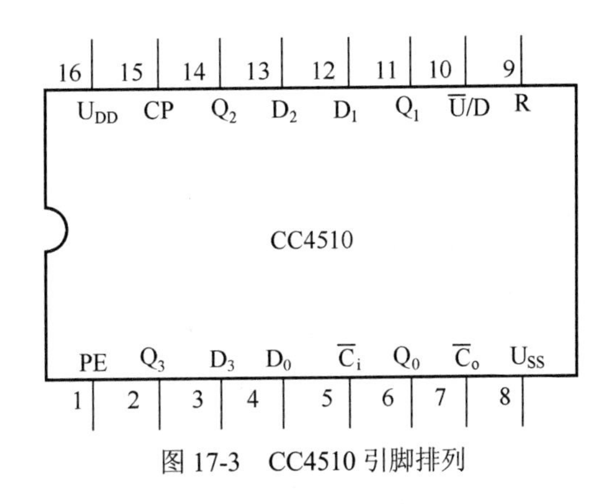

图 17-3　CC4510 引脚排列

表 17-1　CC4510 功能表

CP	$\overline{C_i}$	$\overline{U}/D$	PE	R	功能
×	1	×	0	0	不计数
↑	0	1	0	0	加计数
↑	0	0	0	0	减计数
×	×	×	1	0	置数
×	×	×	×	1	复位

CD4028 是 BCD 码 4 线-10 线十进制译码器，由 4 个缓冲输入端口、译码逻辑门和 10 个输出缓冲器组成，能将输入的 4 位二进制数表示的二－十进制数译成十进制数，其引脚排列如图 17-4 所示，其逻辑功能如表 17-2 所示。

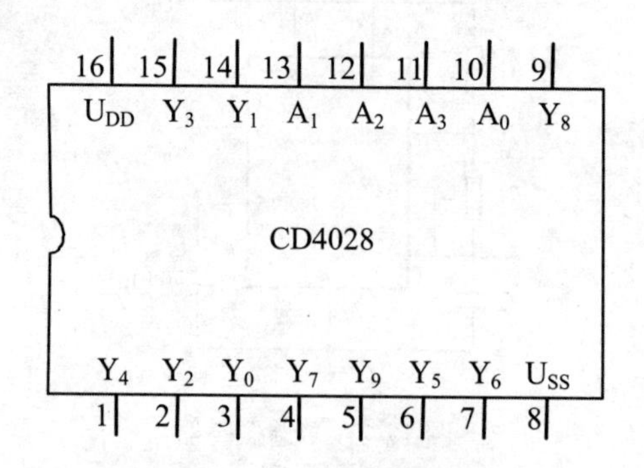

图 17-4 CC4028 引脚排列

表 17-2 CD4028 功能表

序号	输入				输出									
	A_3	A_2	A_1	A_0	Y_0	Y_1	Y_2	Y_3	Y_4	Y_5	Y_6	Y_7	Y_8	Y_9
0	0	0	0	0	1	0	0	0	0	0	0	0	0	0
1	0	0	0	1	0	1	0	0	0	0	0	0	0	0
2	0	0	1	0	0	0	1	0	0	0	0	0	0	0
3	0	0	1	1	0	0	0	1	0	0	0	0	0	0
4	0	1	0	0	0	0	0	0	1	0	0	0	0	0
5	0	1	0	1	0	0	0	0	0	1	0	0	0	0
6	0	1	1	0	0	0	0	0	0	0	1	0	0	0
7	0	1	1	1	0	0	0	0	0	0	0	1	0	0
8	1	0	0	0	0	0	0	0	0	0	0	0	1	0
9	1	0	0	1	0	0	0	0	0	0	0	0	0	1

（3）控制电路。

控制信号可以由时钟信号经过分频器得到。分频器选用 CD4017 十进制计数分频器，因为时钟脉冲为 0.25s，要想得到 1s、10s 的控制信号需要经过 4 分频和 40 分频的电路。CD4017 有 10 个输出端，每个输出端的状态与输入计数器的时钟脉冲的个数相对应。如果输入 4 个脉冲，计数器从零开始计数，则分频器输出端 Y_4 应为高电平。如果此时将 Y_4 反馈到 C_r 端（C_r 端为高电平清零），就组成了 4 分频电路。将它们组合起来，便可实现 4 分频、40 分频。

按照要求，控制 CD4510 计数器的加/减控制端，需要 5s 保持高电平，5s 保持低电平。利用 CD4017 的 Q_{CC} 输出端的功能，实现 CC4510 计数器的加/减计数。

间歇功能利用单稳态触发器 CD4047 来完成，当计数 10s 时，利用 CD4017 输出脉冲下降沿触发单稳态翻转，并保持 1s。触发器输出端 CD4510 停止计数 1s，同时控制 CD4017 清零 1s。电路如图 17-5 所示。

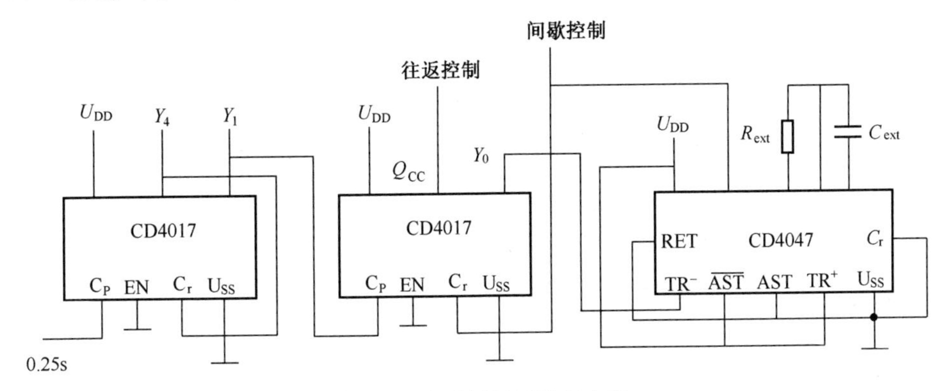

图 17-5　多功能彩灯控制电路

3. 总电路图

要求学生自行画出总体电路图。

四、实验内容及步骤

（1）按照设计好的原理图搭接电路。

（2）按单元分块调试电路。

1）调试振荡器电路。

2）调试计数电路。

3）调试译码电路。

4）调试控制灯流向及间歇电路。

（3）进行整体电路调试，观察彩灯工作情况，并记录结果和画出波形图。

五、实验设备与器件

本实验的设备和器件如下：

实验设备：数字逻辑实验箱，双踪示波器，逻辑笔，万用表及工具。

实验器件：CD4017，CD4510，CD4028，CD4047，555 定时电路，发光二极管和电阻、电容若干等。

六、设计报告要求

（1）画出总体原理图及总电路框图。

（2）设计思想及基本原理分析。

（3）单元电路分析。

（4）测试结果及调试过程中所遇到的故障分析。

（5）设计体会与创新点。

实验十八　模拟汽车尾灯的设计

一、设计任务

假设汽车尾灯左、右两侧各有 3 个指示灯（用发光二极管模拟），要求：汽车正常行驶时指示灯全灭；右转弯时，右侧 3 个指示灯按右循环顺序点亮；左转弯时，左侧 3 个指示灯按左循环顺序点亮；临时刹车时所有指示灯同时闪烁。

二、总体方案设计

1. 汽车尾灯显示状态与汽车运行状态的关系

为了区分汽车尾灯 4 种不同的显示模式，需设置 2 个状态控制变量。假定用开关 S_1 和 S_0 进行显示模式控制，可列出汽车尾灯显示状态与汽车运行状态的关系，如表 18-1 所示。

表 18-1　汽车尾灯与运行状态表

开关控制		运行状态	左尾灯	右尾灯
S_1	S_0		D_6　D_5　D_4	D_1　D_2　D_3
0	0	正常运行	灯灭	灯灭
0	1	右转弯	灯灭	按 D_1 D_2 D_3 顺序循环点亮
1	0	左转弯	按 D_4 D_5 D_6 顺序循环点亮	灯灭
1	1	临时刹车	所有的尾灯随时钟 CP 同时闪烁	

2. 汽车尾灯控制电路总体框图

由于汽车左或右转弯时，3 个指示灯循环点亮，所以可以用三进制计数器控制译码器电路使之顺序输出低电平，从而控制尾灯按要求点亮。在每种运行状态下，各指示灯与各给定条件的关系如表 18-2 所示。

表 18-2　汽车尾灯控制逻辑功能表

开关控制		三进制计数器		6 个指示灯					
S_1	S_0	Q_1	Q_0	D_6	D_5	D_4	D_1	D_2	D_3
0	0			0	0	0	0	0	0
		0	0	0	0	0	1	0	0
0	1	0	1	0	0	0	0	1	0
		1	0	0	0	0	0	0	1

续表

开关控制		三进制计数器		6个指示灯					
S_1	S_0	Q_1	Q_0	D_6	D_5	D_4	D_1	D_2	D_3
1	0	0	0	0	0	1	0	0	0
		0	1	0	1	0	0	0	0
		1	0	1	0	0	0	0	0
1	1			CP	CP	CP	CP	CP	CP

设计的总体框图如图18-1所示。

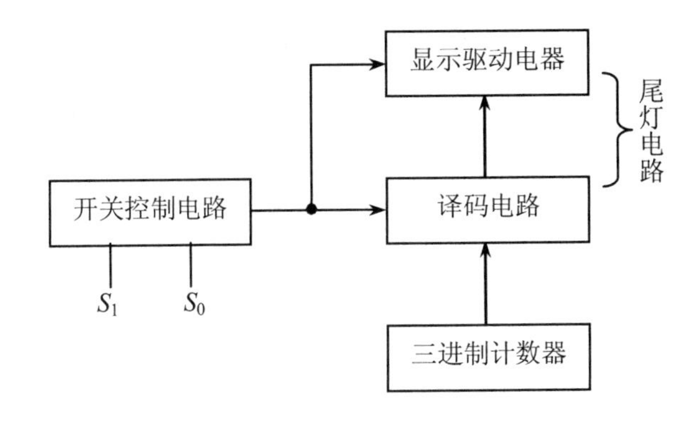

图18-1 汽车尾灯控制电路原理框图

三、单元电路设计

单元电路的设计包括秒脉冲电路的设计、开关控制电路的设计、译码与显示驱动电路的设计以及尾灯状态显示电路的设计。

对以上单元电路，要求学生给出多个方案，然后经过比选得到合适的组合。

四、设计步骤

（1）根据设计要求进行总体方案设计。

（2）具体单元电路设计。

（3）计算元器件参数，并选择相应的元器件型号，列出元器件清单。

（4）画出完整的原理电路图。

五、实验设备与器件

本实验的设备和器件如下：

实验设备：数字逻辑实验箱，双踪示波器，逻辑笔，万用表及工具。

实验器件：74LS00，74LS90（CC4510），CC4511，555定时电路，发光二极管和电阻、电容若干等。

六、设计报告要求

（1）分析汽车尾灯电路各部分功能及工作原理。
（2）总结数字系统的设计、调试方法。
（3）分析设计中出现的故障及解决办法。

实验十九　3 人多数表决电路的设计

一、设计目的

（1）掌握用门电路设计组合逻辑电路的方法。

（2）掌握用中规模集成组合逻辑芯片设计组合逻辑电路的方法。

（3）要求同学们能够根据给定的题目，用几种方法设计电路。

二、设计要求

（1）用 3 种方法设计 3 人多数表决电路。

（2）分析各种方法的优点和缺点。

（3）思考 4 人多数表决电路的设计方法。

要求用 3 种方法设计一个 3 人多数表决电路。要求自拟实验步骤，用所给芯片实现电路。

三、参考电路

设按键，同意灯亮为输入高电平（逻辑为 1）；否则不按键，同意灯不亮为输入低电平（逻辑为 0）。输出逻辑为 1 表示赞成；输出逻辑为 0 表示反对。

根据题意和以上设定，列逻辑状态表如表 19-1 所示。

表 19-1　逻辑状态表

A	B	C	F
0	0	0	0
0	0	1	0
0	1	0	0
0	1	1	1
1	0	0	0
1	0	1	1
1	1	0	1
1	1	1	1

由逻辑状态表可知，能使输出逻辑为 1 的只有 4 项：第 4、6、7、8 项。故表决器的逻辑表达式应是：

$$F = \overline{A}BC + A\overline{B}C + AB\overline{C} + ABC$$
$$F = (\overline{A}B + A\overline{B})C + AB(\overline{C} + C)$$
$$F = (\overline{A}B + A\overline{B})C + AB$$

从化简后的逻辑表达式可知，前一项括号中表达的是一个异或门关系。因此，作逻辑图如图 19-1 所示。

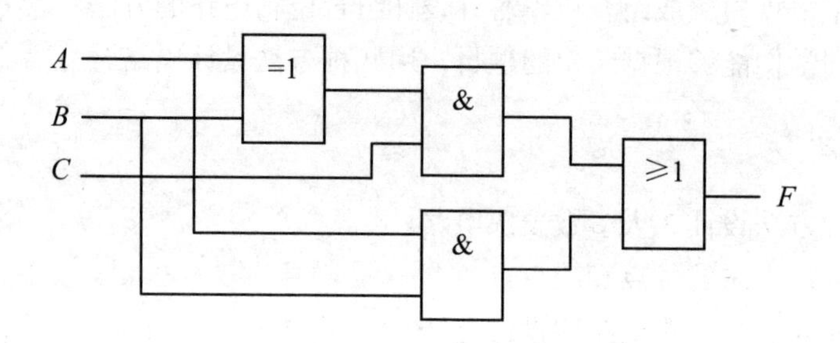

图 19-1　3 人表决电路

经常用来设计组合逻辑电路的 MSI 芯片主要是译码器和数据选择器。设计步骤前几步同上，写出的逻辑函数表达式可以不化简，直接用最小项之和的形式，然后根据题目要求选择合适的器件，并且画出原理图实现。

四、实验设备与器件

本实验的设备和器件如下：

实验设备：数字逻辑实验箱，逻辑笔，万用表及工具。

实验器件：74LS00、74LS20、74LS138、74LS153 等。

五、实验报告要求

（1）写出具体设计步骤，画出实验线路。

（2）根据实验结果分析各种设计方法的优点及使用场合。

实验二十　序列脉冲检测器的设计

一、设计目的

（1）学习时序逻辑电路的设计与调试方法。

（2）了解序列脉冲发生器和序列脉冲检测器的功能区别及设计方法。

二、设计要求及技术指标

（1）设计一个序列脉冲检测器，当连续输入信号 110 时，该电路输出为 1，否则输出为 0。

（2）确定合理的总体方案。对各种方案进行比较，以电路的先进性、结构的繁简、成本的高低及制作的难易程度等方面作综合比较。自拟设计步骤，写出设计过程，选择合适的芯片，完整画出电路图。

（3）组成系统。在一定幅面的图纸上合理布局，通常是按信号的流向，采用左进右出的规律摆放各电路，并标出必要的说明。

注意：还需设计一个序列脉冲产生器，作为序列脉冲检测器的输入信号。

（4）用示波器观察实验中各点电路波形，并与理论值相比较，分析实验结论。

三、设计说明与提示

图 20-1 所示为串行输入序列脉冲检测器原理框图。它的功能是：对输入信号 *X* 逐位进行检测，若输入序列中出现 110，当最后的“0”在输入端出现时，输出 *Z* 为“1”；若随后的输出信号序列仍为 110，则输出端 *Z* 仍为“1”。其他情况下，输出端 *Z* 为“0”。其输入/输出关系如下：

时钟 CP12345678

输入 *X* 01101110

输出 *Z* 00010001

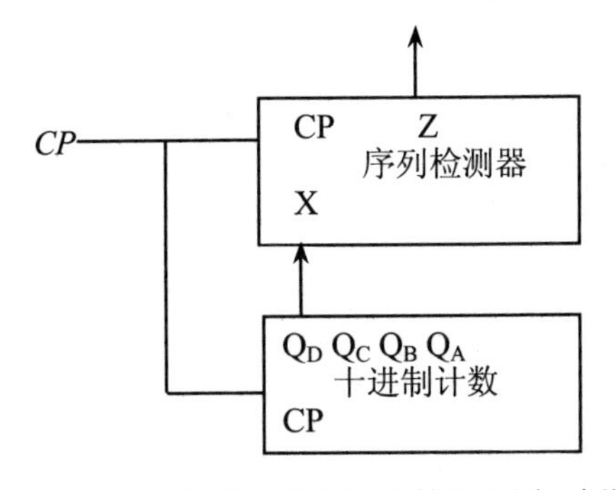

图 20-1　串行输入序列脉冲检测器原理框图

调试要点：

（1）分块调试，即先调试出序列脉冲产生器的电路，再调试序列脉冲检测器的电路。

（2）序列脉冲产生器和序列脉冲检测器应保持同步。

脉冲发生器电路的形式很多，为使电路简化，可以用十进制计数器的最高位作为输出。

四、实验设备与器件

本实验的设备和器件如下：

实验设备：数字逻辑实验箱、双踪示波器、逻辑笔、万用表及工具。

实验器件：74LS00、74LS112、74LS290、555 定时器，电阻、电容若干。

五、设计报告要求

（1）画出总体原理图及总电路框图。

（2）进行单元电路分析。

（3）测试结果及调试过程中所遇到的故障分析。

附录 1　TKDZ-2 型网络型模电数电综合实验装置使用说明书

TKDZ-2 型电子学综合实验装置是根据我国目前模拟电子技术、数字电子技术实验教学大纲的要求，广泛吸取各高等院校及实验工作者的建议而设计的开放型实验台。其性能优良可靠、操作方便、外形整洁美观、便于管理，主要为用户提供一个既可作为教学实验，又可用于开发的工作平台，可谓新一代的电子学实验装置。

本装置是由实验控制屏与实验桌组成一体。实验控制屏上主要由两块单面敷铜印刷线路板及相应电源、仪器仪表等组成。实验控制屏与桌均由铁质喷塑材料制成；实验桌右侧设有一块可以装卸的用来放置示波器的附加台面，从而创造出一个舒适、宽敞、良好的实验环境。若用户需要，也可在实验桌左侧设置一块同样的附加台面，这样一套装置就可以同时进行两组实验。

一、控制屏的操作与使用说明

本装置的控制屏是由两块（数电部分和模电部分）功能板组成。其控制屏两侧均装有交流 220V 的单相三芯电源插座。

1. 两块实验功能板上共同包含的部分内容

（1）两块实验板上均装有一只电源总开关（开/关）及一只熔断器（1A）作短路保护用。

（2）两块实验板上各装有 4 路直流稳压电源（±5V、1A 及两路 0～18V、0.75A 可调的直流稳压电源）。开启直流电源处各分开关，±5V 输出指示灯亮，表示±5V 的插孔处有电压输出；而 0～18V 两组电源，若输出正常，其相应指示灯的亮度则随输出电压的升高而由暗渐趋明亮。这 4 路输出均具有短路软截止自动恢复保护功能，其中+5V 具有短路告警指示功能。两路 0～18V 直流稳压电源为连续可调的电源，若将两路 0～18V 电源串联，并令公共点接地，可获得 0～±18V 的可调电源；若串联后令一端接地，可获得 0～36V 可调的电源。用户可用控制屏上的数字直流电压表测试稳压电源的输出及其调节性能。

左边的数电实验板上标有“+5V”处，是指实验时须用导线将直流电源+5V 引入该处，是+5V 电源的输入插口。

（3）两块实验主板上均设有可装卸固定线路实验小板的蓝色固定插座 4 只。

2. 数电部分（左）

（1）高性能双列直插式圆脚集成电路插座 17 只（其中 40 脚 1 只，28 脚 1 只，24 脚 1 只，20 脚 1 只，16 脚 5 只，14 脚 6 只，8 脚 2 只），40 脚锁紧插座 1 只。

（2）6 位十六进制七段译码器与 LED 数码显示器。

每一位译码器均采用可编程器件 GAL 设计而成，具有十六进制全译码功能。显示器采用LED共阴极红色数码管（与译码器在反面已连接好），可显示4位BCD码十六进制的全译码代号：0、1、2、3、4、5、6、7、8、9、*A*、*B*、*C*、*D*、*E*、*F*。

使用时，只要用锁紧线将+5V电源接入电源插孔“+5V”处即可工作，在没有BCD码输入时6位译码器均显示F。

（3）4位BCD码十进制拨码开关组。

每一位的显示窗指示出0～9中的一个十进制数字，在*A*、*B*、*C*、*D*这4个输出插口处输出相对应的BCD码。每按动一次“+”或“−”键，将顺序地进行加1计数或减1计数。

若将某位拨码开关的输出口*A*、*B*、*C*、*D*连接在“2”的一位译码显示的输入端口*A*、*B*、*C*、*D*处，当接通+5V电源时，数码管将点亮显示出与拨码开关所指示一致的数字。

（4）16位逻辑电平输入。

在接通+5V电源后，当输入口接高电平时，所对应的LED发光二极管点亮；输入口接低电平时则熄灭。

（5）16位开关电平输出。

提供16只小型单刀双掷开关及与之对应的开关电平输出插口，并有LED发光二极管予以显示。当开关向上拨（即拨向“高”）时，与之相对应的输出插口输出高电平，且其对应的LED发光二极管点亮；当开关向下拨（即拨向“低”）时，相对应的输出口为低电平，则其所对应的LED发光二极管熄灭。

使用时，只要开启+5V稳压电源处的分开关，便能正常工作。

（6）脉冲信号源。

提供两路正、负单次脉冲源；频率1Hz、1kHz、20kHz附近连续可调的脉冲信号源；频率0.5Hz～300kHz连续可调的脉冲信号源。使用时，只要开启+5V直流稳压电源开关，各个输出插口即可输出相应的脉冲信号。

1）两路单次脉冲源。每按一次单次脉冲按键，在其输出口“⎍”和“⊔”分别送出一个正、负单次脉冲信号。4个输出口均有LED发光二极管予以指示。

2）频率为1Hz、1kHz、20kHz附近连续可调的脉冲信号源。输出4路BCD码的基频、二分频、四分频、八分频，基频输出频率分1Hz、1kHz、20kHz三挡粗调，每挡附近又可进行细调。

接通电源后，其输出口将输出连续的幅度为3.5V的方波脉冲信号。其输出频率由“频率范围”波段开关的位置（1Hz、1kHz、20kHz）决定，并通过“频率调节”多圈电位器对输出频率进行细调，并有LED发光二极管指示有无脉冲信号输出，当频率范围开关置于1Hz挡时，LED发光指示灯应按1Hz左右的频率闪亮。

3）频率连续可调的脉冲信号源。本脉冲源能在很宽的范围内（0.5Hz～300kHz）调节输出频率，可用作低频计数脉冲源；在中间一段较宽的频率范围内，则可用作连续可调的方波激励源。

（7）五功能逻辑笔。

这是一支新型的逻辑笔，它是用可编程逻辑器件GAL设计而成，具有显示5种功能的特点。只要开启+5V直流稳压电源开关，用锁紧线从“输入”口接出，锁紧线的另一端可视为逻辑笔的笔尖，当笔尖点在电路中的某个测试点，面板上的4个指示灯即可显示出该点的逻辑状态：分别为高电平“HL”、低电平“LL”、中间电平“ML”或高阻态“HR”；若该点有脉冲信号输出，则4个指示灯将同时点亮，故有五功能逻辑笔之称，也可称为“智能型逻辑笔”。

（8）该实验板上还设有报警指示两路（LED发光二极管指示与声响电路指示各一路），按钮两只，一只10kΩ多圈精密电位器，两只碳膜电位器（100kΩ与1MΩ各一只），两只晶振（32768Hz和12MHz各一只），电容两只（0.1μF与0.01μF各一只）及音乐片、扬声器、继电器等。

3. 模电部分（右）

（1）高性能双列直插式圆脚集成电路插座4只（其中40脚1只，14脚1只，8脚2只）。

（2）板的反面都已装接着与正面丝印相对应的电子元器件，如三端集成稳压块（7805、7812、7912、317各一只）；晶体三极管（9013两只，3DG6三只，9012、8050各一只）；单向可控硅（2P4M两只）；双向可控硅（BCR一只）；单结晶体管（BT33一只）；二极管（IN4007四只）；稳压管（2CW54、2DW231各一只）；功率电阻（120Ω/8W、240Ω/8W各一只）；电容（220μF/25V、100μF/25V各两只；470μF/35V四只）；整流桥堆等元器件。

（3）装有3只多圈可调的精密电位器（1kΩ两只、10kΩ一只）；3只碳膜电位器（100kΩ两只、1MΩ一只）；其他电器如继电器、扬声器（0.25W，8Ω）、12V信号灯、LED发光管、蜂鸣器、振荡线圈及复位按钮等。

（4）满刻度为1mA、内阻为100Ω的镜面式直流毫安表一只，该表仅供“多用表的设计、改装”实验用，作为该实验的器件。

（5）直流数字电压表。

由3位半A/D变换器ICL7135和4个LED共阳极红色数码管等组成，量程分为200mV、2V、20V、200V这4挡，由按键开关切换量程。被测电压信号应并接在“+”和“−”两个插口处。使用时要注意选择合适的量程，本仪器有超量程指示，当输入信号超量程时，显示器将显示“8888”。若显示为负值，表明输入信号极性接反了，改换接线或不改接线均可（注：末位代表单位，当为N时代表毫伏，当为U时代表伏）。

（6）直流数字毫安表。

结构特点均类同直流数字电压表，只是这里的测量对象是电流，即仪表的“+”、“−”两个输入端应串接在被测的电路中；量程分为2mA、20mA、200mA、2000mA这4挡，其余同上。

（7）直流信号源。

提供两路-5～+5V可调的直流信号。只要开启直流信号源处分开关（置于“开”），就有两路相应的-5～+5V直流可调信号输出。

注：因本直流信号源的电源是由该实验板上的±5V直流稳压电源提供的，故在开启直流信号源处的开关前，必须先开启±5V直流稳压电源处的开关，否则就没有直流信号输出。

（8）函数信号发生器。

参见函数信号发生器说明书。

（9）6 位数显频率计。

本频率计的测量范围为 1Hz～10MHz，有 6 位共阴极 LED 数码管予以显示，闸门时基 1s，灵敏度 35mV（1～500kHz）、100mV（500kHz～10MHz）；测频精度为 0.2‰（10MHz）。

先开启电源开关，再开启频率计处分开关，频率计即进入待测状态。

将频率计处开关（内测/外测）置于“内测”，即可测量“函数信号发生器”本身的信号输出频率。将开关置于“外测”，则频率计显示由“输入”插口输入的被测信号的频率。

（10）由单独一只降压变压器为实验提供低压交流电源，在“A.C.50Hz 交流电源”的锁紧插座处输出 6V、10V、14V 及两路 17V 低压交流电源，为实验提供所需的交流低压电源。只要开启交流电源处的总开关，就可输出相应的电压值,每路电源均设有短路保护功能。

为了接线方便，在模电实验板右侧设置了 4 处互相连接的地线插孔。在数电实验板上还设置了一处与+5V 直流稳压电源相连（在印制线路板面）的电源输出插口。

二、使用注意事项

（1）使用前应先检查各电源是否正常。

（2）接线前务必熟悉两块实验大块板上各单元、元器件的功能及其接线位置，特别要熟知各集成块插脚引线的排列方式及接线位置。

（3）实验接线前必须先断开总电源，严禁带电接线。

（4）接线完毕，检查无误后，再插入相应的集成电路芯片后方可通电；只有在断电后方可拔下集成芯片，严禁带电插拔集成芯片。

（5）实验始终，板上要保持整洁，不可随意放置杂物，特别是导电的工具和导线等，以免发生短路等故障。

（6）本实验装置上的直流电源及各信号源设计时仅供实验使用，一般不外接其他负载或电路。如作它用，则要注意使用的负载不能超出本电源或信号源的范围。

（7）实验完毕，及时关闭电源开关，并及时清理实验板面，整理好连接导线并放置在规定的位置。

（8）实验时需要用到外部交流供电的仪器，如示波器等，这些仪器的外壳应妥为接地。

（9）实验中需要了解集成电路芯片的引脚功能及其排列方式。

附录 2　TKDDS-1 型全数字合成函数波形发生器

TKDDS-1 型全数字合成函数波形发生器前面板示意图如附图 2-1 所示。

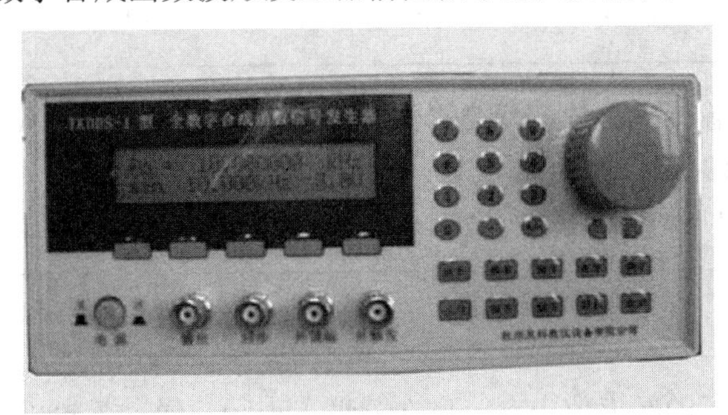

TKDDS-1 型全数字合成函数波形发生器面板上有 10 个功能键，12 个数字键，2 个左右方向键及一个手轮。

1. 开机

检查仪器后面板上电源插口内熔丝安装无误后，接通电源线，按动前面板左下部的电源开关键，即点亮液晶，按动任何键一次，则可进入频率设置菜单，整机开始工作。此时，如果函数信号发生器和示波器相连，正确设置示波器的衰减挡级和水平扫描时间，即可观测到一个正弦波形。

2. 设置

常用的设置功能直接用一个按键即可完成，如“波形”、“频率”、“幅度”、“偏置比”、“占空比”。

基本的操作可分为两种：参数设置和状态设置。

诸如“频率”、“幅度”等操作为参数设置，“波形”等为状态设置。

参数的设置可直接通过手轮旋转来调节（只要屏幕上有闪烁，便表示可用手轮操作）。此时，屏幕上的参数的某一位在闪烁，表示以当前位的量级进行步进变化。使用左、右方向键可改变闪烁的数位，也即改变步进调节的量级大小，实现粗调或微调。手轮调节过程的同时仪器随之改变参数配置。手轮设置方式与传统的电位器旋钮相似。

另一种参数设置方式是通过数字键写入：按“确定”键，屏幕上原有的数字消失，按数字键输入数值，其间，所有新输入的数字不断闪烁，表示正处于输入状态，若发现输入数字有误，可用左向键删除最右边的数字。在键盘输入状态下，按“取消”键可退出输入状态，恢复原设置参数。当所有数字输入完成后，按“确定”键将仪器调整为新的参数状态，同时，数字停止闪烁。

每个菜单的参数都有一个上、下限值，仪器会自动限位。当仪器处于“外触发”、“外调幅”等状态时，有些参数只能用键盘输入，这是因为内部软件进行相应的数学运算时速度较慢，跟不上手轮的快速变化。此时，屏幕上的数字没有任何数字位在闪烁。

状态的设置只能通过手轮来完成。此时，状态变量在闪烁，如“波形”菜单中的“正弦”字样。通过手轮便能够循环调节。

下面逐一介绍各功能键的功能及其操作方法。

波形：按“波形”键进入波形选择菜单

波形：	正弦波

按旋转手轮，则输出波形依次变为正弦波、方波、三角波、升斜波、降斜波、噪声、SIN（X）/X、升指数、降指数。

频率：按“频率”键进入频率设置菜单

频率=	1.0000000kHz

此时液晶屏上显示的频率值中有一位在闪烁，表示可通过手轮以当前位的量级进行步进调节。使用左、右方向键可改变闪烁的数位，也即改变步进调节的量级大小，实现粗调或微调。手轮调节过程的同时仪器随之改变参数配置。

若要一次性设置频率参数，可采用数字键输入方式。按“确定”键，屏幕上原有的显示值消失，进入键盘输入状态，可直接用数字键输入所需频率值。在输入过程中，所有新输入的数字不断闪烁，表示正处在键盘输入状态下。其间，若发现输入数字有误，可用左向键删除最右边的数字，若要退出当前输入键盘操作，可按“取消”键，屏幕重新显示原有参数值。在键盘输入过程中，仪器始终保持原有频率输出值，直到再按“确定”键，数字停止整体闪烁，才将仪器定为新的频率值。

需特别说明的是，仪器对于每种波形都允许在此范围设置，但除正弦和方波，其他波形建议使用范围不要超过 100kHz，否则波形经滤波后将引入较大失真。

3. 幅度

按“幅度”键进入幅度设置菜单

幅度=	100mV

由于 TKDDS-1 是非恒压源，内部有 50Ω输出电阻，同样的幅度设置下，实际的输出电压会随外界负载的不同而变化，故必须说明仪器的幅度设置参数所对应的负载条件。TKDDS-1 的负载条件是 50Ω。

该菜单的操作与“频率”菜单相同。幅度的上限为 $10V_{pp}$，下限为 $1mV_{pp}$，开机时为 $100mV_{pp}$。

（1）偏置比：按“偏置比”键进入直流偏置比设置菜单

偏置比=	0%

直流偏置是在对称的双极性输出信号上叠加一个直流电压，这样便可使信号相对于平衡零点上下移动。所谓偏置比，意指叠加的直流电压相对于信号峰值的比例，偏置比为 100% 时，信号刚好全部在零电位以上，偏置比为-100 时，信号刚好全部在零电位以下。

该菜单的操作与“频率”菜单相同。

偏置比的上限为 100%，下限为-100%。开机时为 0%。

（2）占空比：按“占空比”键进入占空比设置菜单

占空比=	50%

本菜单只用于方波的占空系数的设置。占空系数值表示高电平时间占整个周期的百分比。

该菜单的操作与“频率”菜单相同。

占空比的上限为 80%，下限为 20%。开机时为 50%。

上述几个菜单是 TKDDS-1 型全数字合成函数波形发生器最常用的功能，单独给出了直接操作按键。

4. **调幅**

“外调幅”是由仪器前面板上的 BNC 插座输入外部信号来调幅仪器的载波信号。此时，仪器自动将信号幅度减小一半以留出调幅空间。

技术指标

函数波形		正弦、方波、升斜波、降斜波、随机噪声、SIN(X)/X、升指数、降指数
任意波形	波形存储长度	8k（8192）点
	幅度分辨率	8 位（包括符号）
	采样速率	10Msa/s
	掉电保护存储器	4 个 8k 波形
频率特性	正弦、方波	1mHz～3MHz
	其他波形	1mHz～10kHz
	分辨率	8 位数显或 0.1mHz
	稳定度	50ppm
信号特性	方波升降时间	≤25ns
	方波过冲	≤2%
	不对称性（1kHz）	优于 2%
	占空系数设定范围	20%～80%
	三角波、斜波线性度（1kHz）	优于 1%

续表

函数波形		正弦、方波、升斜波、降斜波、随机噪声、SIN(X)/X、升指数、降指数
输出特性	幅度设定范围（50Ω负载）	$1mV_{pp}$～$10V_{pp}$
	衰减误差（1kHz）	优于5%
	频率响应（$1V_{pp}$，基准频率1kHz）	优于5%
	偏置比设定范围（$5V_{pp}$以内）	−100%～100%
	输出阻抗	约50Ω
	设定分辨率	3位数字
正弦波谐波失真（$1V_{pp}$，50Ω）		<1kHz −60dBc 1kHz～100kHz −50dBc 100kHz～1MHz −40dBc

附录 3　DS5000 数字存储示波器

示波器是一种用途很广的电子测量仪器，它既能直接显示电信号的波形，又能对电信号进行各种参数的测量，是电工电子实验中不可缺少的电子仪器。

DS5000 系列示波器具有易用性、优异的技术指标及众多功能特性，如自动波形状态设置（AUTO）功能、波形设置存储和再现功能、精细的延迟扫描功能、自动测量 20 种波形参数、自动光标跟踪测量功能、独特的波形录制和回放功能、内嵌 FFT 功能、多重波形数学运算功能、边沿/视频和脉宽触发功能、多国语言菜单显示功能等。

3.1　DS5000 数字存储示波器前面板介绍

DS5000 数字存储示波器向用户提供简单而功能明晰的前面板以进行基本的操作，如附图 3-1 所示。面板上包括旋钮和功能按键，旋钮的功能与其他示波器类似。显示屏右侧的一列 5 个灰色按键为菜单操作键（自上而下定义为 1 号至 5 号）。通过它们，可以设置当前菜单的不同选项。其他按键（包括彩色按键）为功能键，通过它们可以进入不同的功能菜单或直接获得特定的功能应用。

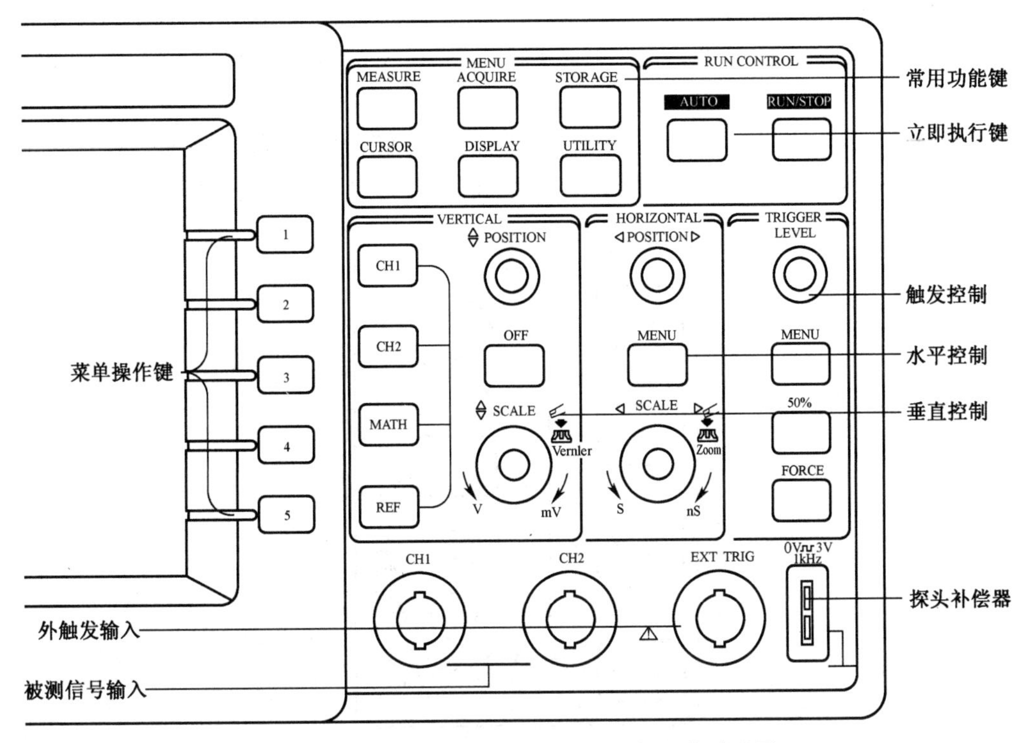

附图 3-1　DS5000 数字存储示波器面板操作说明图

3.2 DS5000 数字存储示波器前面板的常用操作及功能

1. 波形显示的自动设置

DS5000 系列数字存储示波器具有自动设置功能。根据输入的信号，可自动调整电压倍率、时基以及触发方式至最好形态显示。应用自动设置要求被测信号的频率不小于 50Hz，占空比大于 1%。

基本操作方法：将被测信号连接到信号输入通道；按下 AUTO 按钮。示波器将自动设置垂直、水平和触发控制。如需要，可手工调整这些控制使波形显示达到最佳。

2. 垂直系统

如附图 3-2 所示，在垂直控制区（VERTICAL）有一系列的按键、旋钮，其基本操作方法如下：

（1）垂直 POSITION 旋钮控制信号的垂直显示位置。当转动垂直 POSITION 旋钮时，指示通道地（GROUND）的标识跟随波形而上、下移动。

（2）改变垂直设置，并观察因此导致的状态信息变化。可以通过波形窗口下方的状态栏显示的信息，确定任何垂直挡位的变化。转动垂直 SCALE 旋钮改变“V/div（伏/格）”垂直挡位，可以发现状态栏对应通道的挡位显示发生了相应的变化。

（3）按 CH1、CH2、MATH、REF，屏幕显示对应通道的操作菜单、标志、波形和挡位状态信息。

（4）按 OFF 键关闭当前选择的通道，OFF 键还具备关闭菜单的功能。当菜单未隐藏时，按 OFF 键可快速关闭菜单。如果在按 CH1 或 CH2 后立即按 OFF，则同时关闭菜单和相应通道。

（5）Coarse/Fine（粗调/细调）快捷键：切换粗调/细调不但可以通过此菜单操作，更可以通过按下垂直 SCALE 旋钮作为设置输入通道的粗调/细调状态的快捷键。

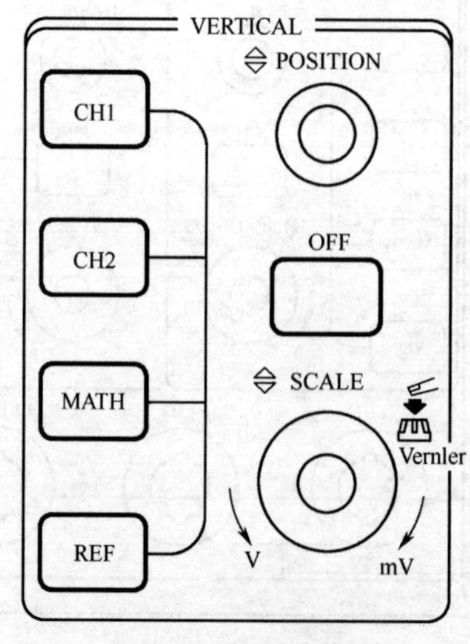

附图 3-2 垂直控制区

3. 水平系统

如附图 3-3 所示，在水平控制区（HORIZONTAL）有一个按键、两个旋钮，其基本操作方法如下：

（1）转动水平 SCALE 旋钮改变“s/div（秒/格））”水平挡位，可以发现状态栏对应通道的挡位显示发生了相应的变化。水平扫描速度从 1ns*至 50s，以 1—2—5 的形式步进，在延迟扫描状态可达到 10ps/div *。

Delayed（延迟扫描）快捷键水平 SCALE 旋钮不但可以通过转动调整“s/div（秒/格）”，更可以按下切换。

（2）使用水平 POSITION 旋钮调整信号在波形窗口的水平位置。水平 POSITION 旋钮控制信号的触发位移或其他特殊用途。当应用于触发位移时，转动水平 POSITION 旋钮时，可以观察到波形随旋钮而水平移动。

（3）按 MENU 按钮，显示 TIME 菜单。在此菜单下，可以开启/关闭延迟扫描或切换 Y-T、X-Y 显示模式。此外，还可以设置水平 POSITION 旋钮的触发位移或触发释抑模式。

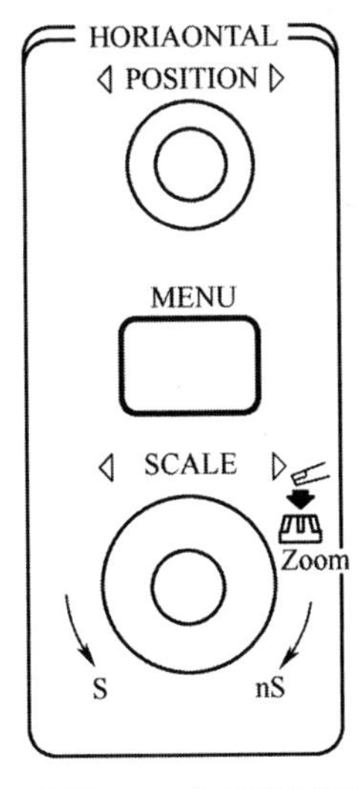

附图 3-3　水平控制区

4. 触发系统

如附图 3-4 所示，在触发控制区（TRIGGER）有 1 个旋钮、3 个按键，其基本操作方法如下：

（1）使用 LEVEL 旋钮改变触发电平设置。转动 LEVEL 旋钮，可以发现屏幕上出现一条桔红色或黑色的触发线及触发标志，随旋钮转动而上下移动。停止转动旋钮，此触发线和触发标志会在约 5s 后消失。在移动触发线的同时，可以观察到在屏幕上触发电平的数值或百分比显示发生了变化（在触发耦合为交流或低频抑制时，触发电平以百分比显示）。

（2）使用 MENU 调出触发操作菜单，如附图 3-5 所示。改变触发的设置，观察由此造成的状态变化。

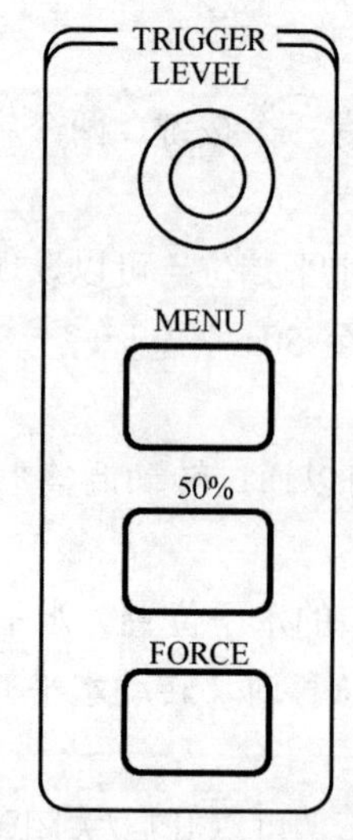

附图 3-4　触发控制区

附图 3-5　调出触发菜单

按 1 号菜单操作键，选择“触发类型”为边沿触发。

按 2 号菜单操作键，选择“信源选择”为 CH1。

按 3 号菜单操作键，设置“边沿类型”为上升沿。

按 4 号菜单操作键，设置“触发方式”为自动。

按 5 号菜单操作键，设置“耦合”为直流。

注：改变前 3 项的设置会导致屏幕右上角状态栏的变化。

（3）按 50%按钮，设定触发电平在触发信号幅值的垂直中点。

（4）按 FORCE 按钮：强制产生一触发信号，主要应用于触发方式中的“普通”和“单次”模式。

这里只介绍了 DS5000 数字存储示波器的初级功能和使用方法，还有很多高级功能及性能指标可参阅相关使用说明书。

参考文献

[1] 高仁璟，孙鹏，陈景．数字电子技术基础与设计．大连：大连理工大学出版社，2004．

[2] 江国强，蒋艳红．现代数字逻辑电路实验指导书．北京：电子工业出版社，2003．

[3] 毛期俭．数字电路与逻辑设计实验及应用．北京：人民邮电出版社，2005．

[4] 程震先，恽雪如．数字电路实验与应用．北京：北京理工大学出版社，1993．

参考文献

[1] [illegible]
[2] [illegible]
[3] [illegible]
[4] [illegible]